U0047254

中國文化史叢書

# 中國度量衡史

吳承洛

臺灣商務印書館發行

# 目錄

# 附圖目錄

# 附表目錄

# 中國度量衡史

## 上編　中國歷代度量衡

### 第一章　總說

#### 第一節　研究中國度量衡史之途徑

考古之學，最要有二端：一須有史籍之紀載，然後始能根據，求有所得；二須有實物之佐證，然後考據之功始有把握。究研中國度量衡史，於此二端均有困難。

一　中國度量衡史籍之缺乏

自來我國言度量衡者概託始於黃鍾黃鍾爲六律之首自度量衡之事旣與黃帝始爲度量衡

之制，其定制之始一出於數定制之準一本於律茲引數則如下：

（一）通鑑『黃帝命隸首作數以率其義要其會而律度量衡由是而成焉。』

（二）孔傳『律者候氣之管度量衡三者法制皆出於律』

（三）史記律書『王者制事立法物度軌則壹稟於六律六律爲萬事根本焉』

（四）漢書律歷志『數者……夫推歷生律制器規圜矩方權重衡平準繩嘉量探賾索隱鈎深致遠、莫不用焉。』

（五）後漢書律歷志『古人之論數也曰：「物生而後有象象而後有滋滋而後有數。」然則天地初形人物既著，則算數之事生矣記稱大撓作甲子隸首作數二者既立以比日表以管萬事夫十百千萬所同用也律度量衡歷其同用也』

蓋我國史籍之言度量衡者不外二種

其一"由律以及度量衡者此爲歷朝正史之所傳開其首者爲史記律書成其說者爲漢書律歷志；而其後則如後漢書律歷志晉書律歷志宋書律志魏書律歷志隋書律歷志及宋史律歷志等是。

漢書律歷志隋書律歷志及宋史律歷志，足稱為中國度量衡之三大正史又為音律家之所記，如宋

蔡元定律呂新書，明朱載堉律呂精史。清康熙律呂正史等是。

其二，由數以及度量衡者此為算家之所記。如孫子算術、劉徽九章算術注、甄鸞算術、沈括軍談、

及清康熙數理精蘊等是。

此研究之困難此其一。

二　中國度量衡品物之喪沒

然詳細檢閱史籍或事近渺茫或紀述鱗爪，欲求一有系統之材料，亦不可得。蓋我國往古未嘗

分度量衡之學為專門之撰記不過隨音律算數之學而並存此中國度量衡見於史籍之記載者如

史籍記載既屬片斷實物考證又非可能。

（一）據籍載中國最古度量衡之制本於黃鍾律度本於黃鍾之長量本於黃鍾之侖權衡本於

黃鍾之重故黃鍾之器蓋為中國最古之度量衡原器。而黃鍾之實長實量若干因古黃鍾律不傳已

不可作切實之論斷。

（二）度量衡之制成備於漢書律歷志，並詳及標準器之法制今除新莽嘉量原器得存一雙尚完好可證外餘均沒落失傳。

（三）歷代度量衡眞器均已喪沒；卽清初定制之營造尺亦早已失傳。

度量衡乃實用之器非若算數之學憑之籍載可以無誤音律之學證以聲韻亦可強求者比必須有實物以爲佐證其法有二：一則採取不易毀滅有永久不變性之物取其分數以爲標準若是雖度量衡之器不存，而立法之標準尙在卽不難以再造二則製成度量衡標準器妥愼永久保存之。第

一、我人承認現在世界度量衡制之最佳者爲國際間公認之萬國公制乃本法之米突制（Metric System）其最初採用之標準爲地球子午線之分數意良法善然近人早已發現最初之分數與實器不準，而地球子午線亦隨年代而有變遷故取物爲標準誠屬困難我國度量衡之標準爲黃鍾黃鍾乃人造物保存不能無虞故後之證者亦已慮及而又參以粗黍之說但黍有長圓大小各不相齊，積黍實量又有盈虧再後又已知黍爲標準之不可靠而曰「必求古雅之器以參校」觀此可知中國歷代度量衡所採取以爲標準物早已失其信用第二進一步故必求古雅之器卽謂前代度量衡

之實器，或他種足以證度量衡之實器。然此古雅之器前代之能傳於後代者，每屬僅有。此中國度量衡由於實物之可傳者又如此研究之困難，此其二。

然中國史事大多類是若求十足之考證必有待於古物之掘發，是又非僅度量衡之屬爲然。要之，考據之功須能融會貫通中國度量衡籍載雖屬片斷，並非不能作一大概之考證。

一、黃鍾秬黍之說爲我國歷代度量衡定制之所本研究中國度量衡史者，自必於此中考之；然後參以他種足可爲度量衡之實證者驗證之此爲中國度量衡史中制度傳統之標準是爲第一途徑。

二、中國歷代度量衡既有傳統之性質其單位量亦每有一定傳替之關係，將此種關係表出之，此爲中國度量衡史中單位量傳替之變遷是爲第二途徑。

三、中國歷代度量衡單位量表出以後卽進而考其各單位之命名命位此爲中國度量衡史之第三途徑。

四、制度之標準單位量之變遷單位之命名，均經考證以後次再研究歷代對於度量衡設施之

一般，此為第四途徑，

今本史所輯纂者即在盡片斷之史料，作貫通之整理，參互驗證，以求中國度量衡與廢改革之關鍵，而作歷代度量衡定制變遷之研究。然後中國度量衡之史事，或可於此中得其梗概焉。

## 第二節　中國度量衡史之時代的區分

研究中國度量衡史之第四途徑，最好再依其在各時代中不同之性質，而分為數時期，當更為方便。

中國度量衡之制，創始於黃帝，下及三代，一稽於古，並無顯明之改革，亦無完全之制度量器之制。發生最早，而亦莫先於周禮。且三代以前之歷史籍載類多渺茫，或屬擬擬之詞。然而今世考三代以前之古史，固屬渺茫，在漢世，上古之事蹟，必尚多可考。中國度量衡制度成備於漢書律歷志，當是之時，多有本於上古者。三代以前之度量衡無整個系統，自為意中之事；然後世定制則又不可謂無前代之影響。故三代以前為中國度量衡發生後尚未至闡明之時代，是為中國度量衡史之第一時

期。

周末文化大盛，一切已顯有進步，秦以商鞅變法而度量衡之制亦受改革是爲中國度量衡由

渺茫而顯然爲第一次之改革漢與以後即承用秦制及至漢之中葉王莽依劉歆之五法爲中國度

量衡第二次之大改革然五法號爲劉歆之著說當時亦必參以前漢實際之情況，五法既定，中國度

量衡制度至是始稱初步完成。秦莽雖有兩次之改革而兩次改革實有相互之關係：莽所改者，漢制

實量之大小非漢制之法；莽之法制承於漢漢承於秦不過其法制闡明於班固漢書律歷志之中。莽

改革後後漢即承莽之制故新莽承秦漢之法後漢承新莽之制秦漢之間爲中國度量衡制度初步

完備之時代是爲中國度量衡史之第二時期。

自三國兩晉南北朝以迄於隋爲中國度量衡變化最大之時代其中尤以尺度之制最爲複雜，

前後十四代，尺度十五等，均載於隋書律歷志。隋志爲中國度量衡之第二部史書而自魏迄隋諸代

之度量衡，均於此志中明之。又中國度量衡單位量之變遷亦以本時代內爲最甚度量衡之變遷本

時代佔整個中國度量衡史中變遷度二分之一以上而衡之變遷至此爲已極自三國迄隋代爲中

國尺度最備及度量衡實量大小變化空前絕後最紊亂之時代，是為中國度量衡史之第三時期。

唐接承隋政之後，其度量衡之制一本前時期變化中最後結果之遺制。自後沿五代、宋、元、明，均無顯明之改革。唐、宋、元、明，度量衡既不見其繁複紊亂，亦不見其創制統一又古今權衡之制由銖絫而改為釐毫實為中國度量衡史上之重要一大變遷。此改制之始即在唐世，而成於宋，載於中國度量衡史乘第三部之宋史律歷志。權衡既經改制而天平法馬之器用以興又置石為量名改斛為五斗之進位亦為中國度量衡史上之一改革。此均為與前時期特異之點。自唐迄明，為中國度量衡變化最少，而衡量改制之時代是為中國度量衡史之第四時期。

清朝以前歷代度量衡之可考者或其制度備而器物不存；又其歷史演進之情況，或偏於度或明於量，或詳於衡及至清代，度量衡完全之制度備而可考器具存而可證劃一之政復與歷歷皆可稽考。是故清朝一代積中國前代度量衡制度之大成為中國度量衡制度進一步完備之時代是為中國度量衡史之第五時期。

清末重定度量權衡制度總說中云：『總而言之：則量之制莫先於周禮，尺之制莫備於隋書，權

衡與法馬之制莫詳於宋太宗及明洪武正德之時……」觀此，可以知中國度量衡史之狀況以上

區分中國度量衡史爲民國紀元前五個時期，實係就各該時代中度量衡史上固有之特徵亦爲研

究中國度量衡史之時代的自然區分但非如普通史學上之分割，自無精密之歷史意義。

　　民國以來，中國度量衡已至實施劃一之階段今輯爲下編然又可分爲三小階段：自民國元年

前工商部繼續清末劃一度量衡之議經民國三年採甲乙兩制並行之法推行以迄國民革命

完成前，至十五年爲止是爲第一階段自民國十六年至十八年爲中國度量衡統一前之籌備時期，

所有制度之標準實施之方案推行之辦法均在是時期內決定是爲第二階段自民國十九年度量

衡法施行以後全國度量衡已至最後實施劃一之階段合民國紀元前之時代區分言之民元後爲

中國度量衡史完全系統之第六時期。

# 第二章　中國度量衡制度之標準

## 第一節　標準之種種

中國歷代所取以為度量衡之標準者，大別之有二類。其一、取自然物以為標準者其法有三：一曰以人體為則，如云布指知寸布手知尺；二曰以絲毛為則，如云十髮為程十程為分三曰以穀子為則，如云一粟為一分六粟為一圭。其二、取人為物以為標準者其法亦有三：一曰以律管為則，如云九十分黃鍾之長一為一分；二曰以圭璧為則，如云玉人璧羨度尺好三寸三曰以貨幣為則，如云大泉徑一寸二分重十二銖考西國所取以為度量衡標準之法，亦不外或取自然物或取人為物如相傳英碼為英皇亨利第一鼻端至大姆指尖之長此取人體為則者；又英以麥一粒之重為一克冷（grain）此取穀子為則者又法之米突制以地球子午線之分數為米突之長，此取自然物為則者；清初有在天一度在地二百里之標準，是亦以地球為則；而法之米突又鑄成原器此又以人為物為

則，顧取自然物以為標準，其物之本體，已難齊同，雖如地球過某定點之子午線祇限於一，亦日久變

差，而非復能為當初之標準，取人為物以為標準，其物又慮其受外界侵蝕，既鑄造維艱復隨時變化，

而又慮其毀滅愼哉，其為標準乎！

上述標準之中穀子與律管有極密切之關係，歷代均用以為度量衡標準之參證。漢書律歷志

曰：

「度者，本起黃鍾之長，以子穀秬黍中者一黍之廣度之，九十分黃鍾之長，一為一分十分為寸，

……量者，本起黃鍾之龠，以子穀秬黍中者千有二百實其龠合龠為合……權者本起黃鍾之重一

龠容千二百黍重十二銖兩之為兩。……」

是故自然物之第三則與人為物之第一則，其間顯然有相關之理。自漢書成其說，歷代宗之為

圭臬，而較驗益詳推演益明實為中國度量衡標準傳統之正法即為中國度量衡史特有之家珍故

中國度量衡往古標準之法不失為有體統的二物一則之制也其他之四物者人體實非為度量衡

之標準但以尺度之長短可以證之於人體以易於鑑別考尺者識也是尺之義本如此因一指之長

近一寸，故曰布指知寸，一手之長近一尺，故曰布手知尺，兩手一伸之長近八尺，故曰舒肘知尋。史稱

大禹以身爲度。後人尊前王之意，非禹之本制如是；宋徽宗以其指三節爲三寸之標準，徽宗意其爲

帝王之身，妄自尊也。此均非定制之法。絲毛爲定小數起數之原及進位之法，後人藉爲度制寸位以

下之命名（見第四章考證）亦非爲度量衡定制之本法。由圭璧貨幣言度量衡者爲定圭璧貨幣

大小輕重之法，先有度量衡之制而後其爲度量衡之數始定，非度量衡之制定於圭璧貨幣然圭璧

貨幣爲人造之物，反之度量衡之制證之於圭璧貨幣實亦一法。總之體因人而異，絲則有粗細均不

足爲較驗之用；圭璧貨幣爲人造之物，雖有變化，不足爲精密標準，然大致去其實制當不過遠，可用

以勘較而與穀子律管之法，互爲參驗以推求中國度量衡之概況可也。

第一表　中國度量衡標準物表解

標準物 —— 自然物 —— 人體 —— 實用上以鑑別度量衡之大小 —— 作爲度量衡實際使用之約數

絲毛 —— 小數起數進位之原　藉爲度量衡小單位命名之法

穀子 —— 以寓較黃鍾律之法制 —— 度量衡標準之所在

律管 —— 以古黃鍾律爲度量衡之根本標準

人爲物 —— 圭璧 —— 以度量衡之數定其法制

貨幣 —— 以其法制驗度量衡之制

## 第二節　標準演進之停滯

中國度量衡制度發生於黃帝，下及三代增損其量以爲實用，此制度成備之前期。至漢世命黃鍾爲度量衡之根本標準，取秬黍爲度量衡之參驗校證，至是度量衡制度始爲初步之完成。

漢以後歷朝度量衡，每取漢志之說，或求於黃鍾之律，或專憑秬黍作法，或考律以定尺，或準尺以求律，足稱中國度量衡之大正。史中之隋書律歷志及宋史律歷志，均本於漢書律歷志，即清初康熙親自定制，亦不離黃鍾與秬黍之說。故中國度量衡制度自漢代作初步完成後歷代奉之，以致自後更無進展，而入整個停滯狀態中。

考度量衡雖屬實用之器，論其爲制之標準，則大有學術上之價值，但學術必求進步，中國度量衡最初之標準，命出於黃鍾律參校以秬黍之法，此在古代文化方面立論，原不可厚非之。且也聲出

於大小一定之律管由其波長之大小可以決定其爲聲之高低考中國律之數十二音之數五,一律而生五音黃鍾之律爲十二律之最長者但製爲黃鍾律管又取其爲五音之首一音即宮音宮音爲五音之最低者以其波長最大若是黃鍾之音律可以決定即黃鍾律管之長亦有一定,故我國古代度量衡標準實合於科學之理論以中國五音加以音階之潤色與西國配音如左。

| 音階 | (1) | (2) | (3) | (4) | (5) | (6) | (7) | (1) |
|---|---|---|---|---|---|---|---|---|
| 音名 | 宮 | 商 | 角 | 徵 | 羽 | | | 宮 |
| 西名 | C | D | E | F | G | A | B | C |
| 西音 | do | re | mi | fa | sol | la | si | do |
| 波長之比 | $\frac{1}{1}$ | $\frac{8}{9}$ | $\frac{4}{5}$ | $\frac{3}{4}$ | $\frac{2}{3}$ | $\frac{3}{5}$ | $\frac{8}{15}$ | $\frac{1}{2}$ |

然若管徑之大小不定則所發之波長卽有差異。故中國歷代專求之於黃鍾律以定其律之長度而律管非前後一律管徑大小旣無定論又發聲之狀態前後亦非一律由是歷代由黃鍾律以定尺度之長短前後不能一律以之定度量衡前後自不能相準以聲之音定律之長由是以定度量

衡，其理論雖極合科學而前後律管不同長短亦有差異故及至後世已發現再求之黃鍾律難得其中再憑之積秬黍不可爲信而必求之古雅之器夫此三者固爲考古上之所必然非後之定制者之所必準何況古雅之器亦已不可精求則論制度之標準必當另尋他法以爲精益求精若是始有進步之表現故近代中國度量衡標準一革前代傳統之法此卽學術進步精益求精之良途。

以上係言歷史的演進今考我國歷代度量衡既均本黃鍾秬黍之說則在考古方面言之又必不可忽略據之史籍證之實物仍須於黃鍾秬黍求根據而後以實物爲實驗之證。

## 第三節　黃鍾爲度量衡之標準

### 一　黃鍾本義

黃鐘之鐘亦作鍾爲古十二律之一，十二律計爲：黃鐘，大簇，姑洗，蕤賓，夷則，無射，大呂，夾鍾，中呂，林鍾，南呂，應鍾；前六爲律，屬陽，後六爲呂，屬陰。其聲爲五音之宮。五音計爲：宮，商，角，徵，羽。商共命名之本義有下列各條之記載。

（一）禮記月令『仲冬之月其音羽律中黃鍾』注黃鍾者律之始也，正義按元命色黃鍾者始

；黃注云始萌黃泉中。

(二)國語：「六中之色故名之曰黃鍾。」

(三)漢書律歷志：「黃鍾黃者中之色君子服也鍾種也天之中數五，五爲聲上宮五聲莫大焉地之中數六，六爲律律有形有色色上黃五色莫盛焉」

(四)淮南子天文訓：「黃鍾之律九寸而宮音調黃者土德之色也鍾者氣之所種也日冬至，德氣爲土土色黃故曰黃鍾。」

(五)杜佑通典：「黃鍾者是陰陽之中，是六律之首故以黃鍾爲名黃者，土之色，陽氣在地中，故以黃爲稱鍾者動也聚也陽氣潛動於黃泉聚養萬物萌芽將出故名黃鍾也」

(六)黃佐樂典：「黃鍾者何黃中之色也鍾音之器也；黃中之色也鍾音之器也」

然黃鍾究竟爲何？再觀下條漢書律歷志之文蓋爲制黃鍾之本。

「黃帝使伶倫自大夏之西昆侖之陰取竹之解谷生其竅厚均者，斷兩節間而吹之以爲黃鍾之宮制十二筩以聽鳳之鳴其雄鳴爲六雌鳴亦六比黃鍾之宮而皆可以生之是爲律本」

呂氏春秋風俗志及各律書紀載均同。律呂精義曰『自呂不韋著書，始言伶倫解谷取則鳳鳴，雄鳴爲律，雄鳴爲呂，孰嘗見聞？……後人撰前漢，晉，隋志皆探其說以爲實有解谷鳳鳴之事，蓋亦誤矣。』夫中國上古歷史紀載，本每多渺茫托辭，失藏堵之言，自亦有其理由，茲事之虛實，本編不具論究，但成爲中國歷來傳統之紀載，論黃鐘者，必宗之也。

竅者孔也厚均者，孟康曰：竹孔與肉厚薄等也是故黃鐘之器當可以竹之中有空而質均者爲之。

## 二　黃鐘數法

中國古時稱黃鐘爲萬事根本凡寸分釐毫絲亦由黃鐘定之，是曰黃鐘數法。以黃鐘長九寸，三爲一進歷十二「辰」得十七萬七千一百四十七爲黃鐘之實其十二辰所得之數在子寅辰午申戌六陽辰爲黃鐘寸分釐毫絲之數在亥酉未巳卯丑六陰辰爲黃鐘寸分釐毫絲之法皆用九數故九絲爲毫九毫爲釐九釐爲分九分爲寸九寸爲黃鐘茲表之於次。律呂新書，黃佑樂典，韓苑洛志樂，尚書通致，何璩樂律管見，等書言之均同。

### 第二表　黃鐘數法表

| 子一 | 黃鍾之律 | | 丑三 | 為絲法 |
|---|---|---|---|---|
| 寅九 | 為寸數 | | 卯二七 | 為毫法 |
| 辰八一 | 為分數 | | 巳二四三 | 為釐法 |
| 午七二九 | 為釐數 | | 未二一八七 | 為分法 |
| 申六五六一 | 為毫數 | | 酉一九六八三 | 為寸法 |
| 戌五九〇四九 | 為絲數 | | 亥一七七一四七 | 黃鍾之實 |

## 三 黃鍾度數

黃鍾度數謂黃鍾之長度及其容積之數，蓋為所以生度量衡者。度本起黃鍾之長量衡本起黃鍾之容積而容積之數又視黃鍾之長及圍徑〔黃鍾之管圓，有圍經之數。〕自以定之。彭魯齋曰：「黃鍾律管有周有徑有面冪有空圍內積有從長」沈括筆談曰：「律有實積之數有長短之數有周徑之數」是故論度量衡者不可不論黃鍾而論黃鍾者又不可不論其長圍徑積之數惟圍徑之數歷來論說峻異蓋古者圓周率未有精密推算求積之法又不確定；而圍之義又有指為圓周或圓面積之不同。然吾人

考度量衡，衹論其長度及容積之數已可，其圓徑之數可不具論。

黃鍾之長有四說如左：

（一）黃鍾之長爲一尺。史記律書謂生鍾分「子一分」。

「子一分」之說，朱載堉亦謂爲一尺凡百分，而其餘諸家均謂爲九寸凡八十一分，前所謂「黃鍾數法」之法，卽第二說也。

（二）黃鍾之長爲九寸一寸九分計八十一分。淮南子天文訓謂：『黃鍾之律九寸，而宮音調，因

而九之，九九八十一，故黃鍾之數立焉。』

（三）黃鍾之長爲八寸一分一寸爲十分亦計八十一分。史記律書：『律數，九九八十一以爲宮，

黃鍾長八寸十分一。』

司馬貞索隱註曰：『案上文云，「律九九八十一」，故云長八寸十分一，舊本多作七分蓋誤也』。蔡元定曰：『八寸十分一，本作七分一者誤也』。沈括曰：『此章七分當作十字』。史記原本作「七分一」，古今名家均謂爲「十分一」之誤，蓋未有以爲「七分一」者。

（四）黃鍾之長爲九寸一寸十分計九十分，漢書律歷志謂『黃鍾爲天統律，長九寸』；又謂：『九

## 十分黃鍾之長一爲一分。

除此四種說法之外呂氏春秋仲夏適音篇言黃鍾之制成則曰：「斷兩節間三寸九分而吹之，以爲黃鍾之宮。」明吳繼仕曰：「黃鍾長三寸九分……爲聲氣之元其時子半，」黃佐樂典謂「黃鍾之均其數八十一律九寸爲宮子聲變數三十九律四寸三分八釐強約之九寸歸之正度則八十一分；約之四寸三分八釐強歸之正度則三十九分黃帝命伶倫斷竹兩節間聲出三寸九分合其無聲者四十二分則爲全律三十九子半數也倍之七十八合吹口三分爲八十一黃鍾律本九寸爲管則八寸一分，原本作八寸七分，七字蓋爲「一」字之誤也。盧三分吹口則其數七十八合有聲無聲而計之也」則呂氏謂三寸九分者黃鍾宮聲之所出黃鍾律長仍爲九寸即八寸一分是即第二說也。

黃鍾之長爲九寸，即九十分自漢書律歷志著其說後之史書律歷志均宗之其爲九寸即八十一分之說者，則爲各律家之所宗卽前所謂「黃鍾數法」之數歷來論律者大多不出此二說也然黃鍾之長究竟如何是否有四種長度引論如次

（一）蔡氏律呂新書曰：「黃鍾之律九寸，一寸九分凡八十一分；而又以十約之爲寸，故云八寸

十分一大要律書用相生分數相生之法以黃鍾為八十一分今以十為寸法故有八寸一分；漢前後

志及諸家用審度分數審度之法以黃鍾之長為九十分亦以十為寸法故有九寸法雖不用其長短

則一故隋志云寸數並同也。」

（二）韓苑洛志樂解黃鍾長九寸曰：「從長九寸寸者十分」；解宮八十一曰：「以此管有八十

一分也。」

（三）朱氏律呂精義曰：「古人算律有四種法：其一以黃鍾為十寸，每寸十分共計百分，出太史

公律書生鍾分子一分其二以黃鍾為九寸，每寸十分共計九十分，出京房律準及後漢志；其三以黃

鍾為八寸一分不作九寸出史記淮南子及晉書宋書；其四以黃鍾為九寸，每寸九分共計八十一分，

出後漢志註引禮運古註。禮運古註曰：「宮數八十一，黃鍾長九寸，九九八十一也」。 古人算律之妙二種而已。一以九寸為黃鍾凡

八十一分取象雒書之九自相乘之數此淮南子之所載；一以十寸為黃鍾自京房始以其布算頗煩，

自相乘之數此太史公之所記二術雖異其律則同。至於以九十分為黃鍾凡一百分取象河圖之十

初學難曉，乃變九謂九分為寸。而為十謂十分為寸。雒書數九自相乘得八十一是為陽數十二天地之大數，百

二十律呂之全數除去三十九，則八十一，呂氏春秋曰：「斷兩節間之三寸九分，分合而為十二寸卽律呂全數，全數之內斷去三寸九分，餘為八寸一分三寸九分，卽為黃鍾之長。黃鍾無所改，而尺有不同。」

統觀上列三家之言：蔡氏宗第二說黃鍾為九寸，凡八十一分，而謂與第三說第四說者，其長短則一。韓氏解黃鍾九寸為九十分，亦為八十一分；朱氏謂之黃鍾均無所改，乃尺有不同。蓋黃鍾之長為一定，而謂其長短之數不同者為尺之異古黃鍾之長，則無異也，其但後代所制之黃鍾，其長不可與此同論。

黃鍾之容積自漢書始著其說為八百一十立方分後之論者有謂古之圓周率數不精，如謂圓三徑一之類是以實積之數不可為據，而另作詳密之推算者有謂圓周率數不精只在周徑之間有差誤，而實積之數不誤者又有謂八百一十分者指十分為寸九寸長計得之積黃鍾長九寸一寸九分計之只得七百二十九分者說雖不同歸納言之周徑之誤為當初圓周率不精之所致然容積係當時實計之數故黃鍾之容積仍為八百一十立方分者乃黃鍾長九十分之分也至於以其餘三說黃鍾之長以推其容積卽可照比列算之。今依朱載堉「黃鍾無所改而尺有不同」之言，命四說為

四種尺，則黃鍾度數可表之如次：

第三表　黃鍾度數表

| 黃鍾度數 | 第一種尺 | | | 第二種尺 | | 第三種尺 | | 第四種尺 | |
|---|---|---|---|---|---|---|---|---|---|
| | 尺法 | 寸法 | 分法 | 寸法 | 分法 | 寸法 | 分法 | 寸法 | 分法 |
| 黃鍾之長等於 | 一尺 | 10寸 | 100分 | 九　寸 | 八一分 | 八寸一分 | 八一 | 九　寸 | 九○分 |
| 黃鍾容積等於 | — | | | — | | — | | 八一○立方分 | |

## 四　黃鍾生度量衡

古者以黃鍾為萬事之根本律度量衡皆由此始，故論度量衡者，必求於黃鍾。然黃鍾何以能生度量衡，推其源，實為存聲樂之制以立之也，故曰：『黃鍾之長，用之以起五度，則樂器修廣之所資黃鍾之容，用之以起五量，則樂器深閎之所賴黃鍾之重，用之以起五權，則樂器輕重之所出黃鍾之積，用之以起五數，則樂器多少之所差黃鍾之氣，用之以起五聲，則樂器宮商之所祖五法循環而相受，則天地陰陽之中聲雖失於此或存於彼』又曰：『黃鍾者信則度量權衡者得矣。』是故黃鍾為度量衡之根本。明程大位算法統宗所論黃鍾百事根本圖可為代表其義如下：

黃鍾生度　黃鍾之管其長積秬黍中者九十粒，一粒爲一分，十分爲寸，十寸爲尺，十尺爲丈，十丈爲引。

黃鍾生量　黃鍾之管，其長廣容秬黍中者千二百粒爲一勺，十勺爲合，十合爲升，十升爲斗，十斗爲斛。

黃鍾生衡　黃鍾所容千二百黍爲勺，重十二銖，兩勺，則數二十四銖爲兩，十六兩爲斤，三十斤爲鈞，四鈞爲石。

此所引之文，只在表明黃鍾生度，量，衡之義，至於起度，起量，起衡，及命名進位等異同之說，待後一一考證之。

第四節　以黃鍾與秬黍考度量衡

觀前節「黃鍾生度量衡」知仍不離以秬黍爲法之關係，故有曰：「造律者以黍自一黍之廣，積而爲分寸一黍之多積而爲侖合一黍之重積而爲銖兩。」又曰：「度量衡所以佐律而存法後世器或壞亡，故載之於物形之於物黍者自然之物有常不變者也故於此寓法」是度量衡本生於黃

鍾，而古黃鍾盧其失，又爲積黍之法，由積黍以明度量衡。

及積黍以考度量衡立法如此。故從此考之。

考積黍起度之法原起於漢書律歷志以廣爲分之說。至南北朝東後魏世修正鍾律有縱累、橫

累、斜累三法之紛競縱橫斜之歧異蓋自是時始其後北周武帝時累黍造尺縱橫不定唐代又以黍

廣爲分五代後周王朴又以縱黍定尺；至宋代景德中劉承珪以廣十黍爲寸後李照鄧保信等又縱

累百黍成尺，阮逸胡瑗等則橫累百黍成尺；清康熙躬親累黍以橫累百黍爲律尺縱累百黍爲營造

尺以上爲中國歷代積黍起度歧異之歷史，可以表明之。

第四表　積黍起度之變遷表解

積黍起度之變遷

| 縱累 | 東後魏 | 北周 | 後周 | 宋 | 清 |
| 橫累 | 東後魏 | 北周 | 唐 | 宋 | 清 |
| 斜累 | 漢 | 東後魏 | | | |

漢志本云黍廣，今列於「斜累」，參見下第六章第八節之三。

積黍爲度已有縱橫斜累法之不同，而歷來言累黍者必云「以子穀秬黍中者」「子穀秬黍」

係爲何種之黍又所謂「中」者其義又若何？今再從此二者觀察之。

第一所謂「子穀秬黍」孟康曰：『子北方黑謂黑黍也。』顏師古曰：『此說非也子穀猶

言穀子秬卽黑黍無取北方爲號。』范景仁曰：『按詩「誕降嘉種維秬維秠」誕降天降之許愼云

「秬一稃二米」又云「一秬二米」今秬黍皆一稃一米河東之人謂之黑米。』朱載堉曰：『黑色黍有數

種，輒黍堪釀酒者名秬硬黍堪炊飯者名稱，一稃內二顆黍名秠律家所用惟秬而已稱與秠弗堪

用。』吳大澂謂：『黑秬黍卽今之高粱米以河南所產者爲最準』是「子穀秬黍」卽黑秬黍類如

今之高粱米但後之秬黍非可如古時所用之黍一例言之自可斷論且古者亦早已論之如隋書律

歷志『黍有大小之差年有豐耗之異』宋史律歷志『歲有豐儉地有磽肥就令一歲之中一境之

內取以校驗亦復不同是蓋天物之生理難均一』是均其例也。

第二所謂「中」顏師古謂爲「不大不小」韓苑洛曰：『以篩子篩之去其大者小者而用中

者』吳大澂謂『大小中者；謂揀選中用之黍非謂中號中等之

黍俗語選物曰某物中某物不中此中亦非指中等且粗之爲言巨細之巨聞其形可想見謂頭

等大號者爲佳。』是中字之義亦有不同而況黍之物理難均一即用中式合用之黍亦須先有勘

校之器物而後可。故朱載堉又有言曰：『累黍一法名爲最密實爲最疏苟無格式大小幾何？惟云中

式猶非定論若欲揀選中式之黍須將格式預先議定而後可選。上黨粗黍佳者縱累八十一枚斜累

九十枚橫累百枚皆與大泉九枚相合；然此佳黍亦自難得求得此等佳黍然後可用若或不滿九枚

錢之徑愼勿誤用；歷代造律其失坐在黍不佳也。』是朱氏以縱黍橫黍斜黍均須求其合於錢徑一

定之格式其論實有至理今將朱氏論累黍三法之關係表明於次：

$$縱累81黍 = 斜累90黍 = 橫累100黍$$

是故累黍成尺有二種困難：一、黍爲標準根本之不可靠；二、累黍必求排列之嚴密整齊吾人論

積黍起度固不能由黍之大小及排列之縱橫以定尺之長短前面引申詳論亦即在此。然吾人則可

由累法標準之不同以推其比例之數證之以黃鍾之論驗之以貨幣之實亦爲必由之逡也。

前節已言算黃鍾律長，其法有四，而爲分之數則只有三：其一、黃鍾之長

爲八十一分，其三、黃鍾之長爲九十分三數計分雖不同，全長則相等。本節又言：橫累百黍，縱累八十

一黍斜累九十黍其長亦相等二者均爲起度之標準，故朱載堉又合論之曰：「累黍造尺，不過三法，

皆自古有之矣曰橫黍者一黍之廣爲一分；曰縱黍者一黍之長爲一分；曰斜黍者非縱非橫而首尾

相銜黃鍾之律其長以橫黍言之，則爲一百分太史公所謂子一分是也以縱黍言之，則爲八十一分，

淮南子所謂其數八十一是也以斜黍言之，則爲九十分前後漢志所謂九寸是也今人宗九寸不宗

餘法者惑於漢志之偏見茍能變通而不惑於一偏則縱橫斜黍皆合黃鍾矣」朱氏之論可與一名

曰「三黍四律法」表之如次：

第五表　三黍四律法表解

黃鍾律長
橫黍——一〇〇分……（一〇寸）
縱黍 八一分……（九寸）
八一分……（八寸一分）
斜黍——九〇分……（九寸）

第一圖　黍排列計分圖

| 橫黍 | 縱黍 | 斜黍 |
|---|---|---|
| 一分 | 一分 | 一分 |

由三黍四律法以考歷代尺度立論頗有精微，大要如次。

『歷代尺法皆本黃鍾而損益不同：有以黃鍾爲長均作九寸而寸皆九分者，黃帝命伶倫始造律之尺名「古律尺」又名「縱黍尺」選中式之秬黍一黍之縱長命爲一分九分爲一寸九寸共計八十一分爲一尺。有以黃鍾之長均作十寸而寸皆十分者舜「同律度量衡」之尺至夏后氏而未嘗改制度，然則「禹以十寸爲尺」，即舜取同之度尺也。書稱：「舜同律度量衡」，堯，舜，禹，相禪，未嘗改故名夏尺，傳曰『夏禹十寸爲尺』蓋指此也又名「古度尺」又名「橫黍尺」選中式之秬黍一黍之積廣命爲一分十分爲一寸十寸共計

百分爲一尺。有以黃鍾之長均作四段，加出一段而爲尺，此商尺也，適當夏尺十二寸五分，傳曰「成

湯十二寸爲尺」蓋指此也。有以黃鍾之長均作五段減去一段而爲尺，此周尺也適當夏尺八寸傳

曰「武王八寸爲尺」蓋指此也。有以黃鍾之長均作九寸外加一寸而爲尺，此漢尺也。有以黃鍾之長，

均作八寸外加二寸爲尺此唐尺也。有以黃鍾之長均作八十一分外加十九分爲尺，此宋尺也唐尺

卽成湯尺而唐人用之故又名唐尺。宋尺卽黃帝尺，而宋人用之，故又名宋尺。七代尺共五種互相考

證皆有補於律也。

「縱黍之尺，黃帝尺也，宋尺也；斜黍之尺，漢尺也；橫黍之尺，夏尺也；商尺去二寸爲夏尺，夏尺去

二寸爲周尺。唐尺復有二種所謂黍尺者卽夏尺；所謂大尺者卽商尺。

「漢尺與黃帝尺寸同而分不同；宋尺與黃帝尺分同而寸不同；唐黍尺卽夏尺。與黃帝尺同，而寸

及分不同。

「宋太府尺卽黃帝尺；今營造尺明工部營造尺。卽唐大尺。」

故虞夏之尺橫黍法在律爲第一類黃帝之尺縱黍法在律爲第二類宋尺亦縱黍法，而在律爲

第三類；漢尺斜黍法，在律爲第四類；商、周、唐、明四代之尺，導源於夏尺而約橫黍爲法，在律附屬於第一類。故上自黃帝，下迄明代歷代主要尺度之法，可列如下表。

第六表　中國歷代尺度三黍四律法系統表

| 朝代 | 尺名 | 三黍四律法 | 以古黃鐘律之長比較其相等之值 | | | 以黍定分之法 |
|---|---|---|---|---|---|---|
| | | 律法 黍法 | 尺法 | 寸法 | 分法 | |
| 黃帝 | 黃帝尺（古律尺 縱黍尺） | 第二類　縱 | 一•〇〇尺 | 九•〇寸 | 八一分 | 縱黍一枚 |
| 虞 | 虞尺（古度尺 橫黍尺） | 第一類　橫 | 一•〇〇尺 | 一〇•〇寸 | 一〇〇分 | 橫黍一枚 |
| 夏 | 夏尺（古度尺 橫黍尺） | 第一類　橫 | 一•〇〇尺 | 一〇•〇寸 | 一〇〇分 | 橫黍一枚 |
| 商 | 商尺 | （第一類）橫 | 〇•八〇尺 | 八•〇寸 | 八〇分 | 橫黍約十爲八 |
| 周 | 周尺 | （第一類）橫 | 一•二五尺 | 一二•五寸 | 一二五分 | 橫黍約八爲十 |
| 漢 | 漢尺 | 第四類　斜 | 〇•九〇尺 | 九•〇寸 | 九〇分 | 斜黍一枚 |

| 朝代 | 尺名 | 類別 | 橫／縱 | 尺 | 寸 | 分 | 黍 |
|---|---|---|---|---|---|---|---|
| 唐 | 唐大尺 | （第一類） | 橫 | 〇•八〇尺 | 八•〇寸 | 八〇分 | 橫黍約十爲八 |
| 唐 | 唐泰尺（兼用） | 第一類 | 橫 | 一•〇〇尺 | 一〇•〇寸 | 一〇〇分 | 橫黍約一枚 |
| 宋 | 宋太府尺 | 第三類 | 縱 | 〇•八一尺 | 八•一寸 | 八一分 | 縱黍一枚 |
| 明 | 明工部營造尺 | （第一類） | 橫 | 〇•八〇尺 | 八•〇寸 | 八〇分 | 橫黍約十爲八 |

以上以黃鍾律論歷代尺度之關係，係以古黃鍾爲比較之標準，卽其比較之標準只爲一，並無

變化。然黃鍾是隨時應聲而有變遷，則歷代之黃鍾並不相等，故朱氏曰：「漢劉歆晉荀勗所造律管

皆用貨泉尺，宋蔡元定著律呂新書大率宗此尺，則其黃鍾與歆勗之黃鍾大同小異，宋志謂後周王

朴之黃鍾亦然，蓋四家比古律高三律。宋李照范鎭魏漢津所定律大率依宋太府尺黃鍾長九寸，比

古黃鍾低二律。明初冷謙所定律用明工部營造尺黃鍾長九寸，比古黃鍾低三律。」以律定尺者律

有定爲尺不過增減其長度而標準不變；以尺定律者律本無尺又係隨時制作，則爲尺並無不變之

標準。朱氏之「三黍四律法」論一本古之黃鍾，卽係以「有不變之標準」爲根據，今採用其說，以

爲論度量衡之參考。

清康熙律呂正義謂：「聖祖躬親累黍布算」得次之結果，以為定法：

「縱累百黍為營造尺橫累百黍為律尺營造尺八寸一分當律尺十寸營造尺七寸二分九釐，

即律尺九寸為黃鍾之長。」

此法可以表解明之：

第七表　清定黃鍾律長表解

清之黃鍾律長—┌—横黍九〇枚（清律尺九寸）
　　　　　　　└—縱黍七二・九枚（清營造尺七寸二分九釐）

是清康熙所累縱黍横黍之比與朱氏之論雖同而黃鍾之律不同是亦以尺定律之故然細為推算，仍可求出相等之關係，知清代尺度標準仍由前代變遷而來。

清會典曰：「東漢嘉量度數中今太簇仿其式用今律度合黃鍾焉」所謂「東漢嘉量」即新莽嘉量，在清初經一度發見。見下第六章第六節。嘉量本聲中黃鍾，但新莽嘉量不合清之黃鍾中清之太簇故清初又仿其式製造嘉量聲中清之黃鍾。參見第九章。考新莽嘉量度數斛積為新莽尺一千六百二十六立方

寸；清初仿造之嘉量度數斛積爲清營造尺八百六十立方寸九百三十四立方分四百二十立方釐，

卽合清律尺千六百二十立方寸斛積度數，本爲一千六百二十立方寸，由是新莽尺與清律尺之比

數，可由黃鍾與太簇之關係中求之。考律之學以黃鍾屬子數一法云「子一分」太簇律屬寅寅

數九，法云「九分之八」卽太簇律爲黃鍾律九分之八是卽爲新莽尺與清律尺之比率。由是推得：

$$新莽尺 = \frac{8}{9} 清律尺 = \frac{8}{9} \times 0.81 = 0.72 \quad 清營造尺$$

$$古黃鍾律 = \frac{8}{9} 清律尺 = 0.72 \times 1.08 = 0.7776 清營造尺$$

$$清營造尺 = \frac{10000}{72 \times 108} = 1.2846 \quad 古之黃鍾律度$$

是卽清尺合古黃鍾律之度，而清尺實由新莽尺變遷而得者，新莽尺合清營造尺爲七寸二分。

王國維據新莽嘉量以驗新莽尺度，合清營造尺之數卽同此一‧○八，均見下節考證。

以上爲就度而言爲量爲衡之理亦同。前人有曰：『古人謂子穀秬黍其侖則是先得黃鍾，而

後度之以黍不足則易之以大有餘則易之以小』。又有曰：『古人用黍以置量衡，非數而稱量之也，一

龠之內容必以千二百爲之準，有餘則易之以小，不足則益之以大，小得而後稱量之，是其多寡輕

重，雖出於黍而黍之大小則制於律。是故以黃鍾及積黍之法，考定量衡，仍須先求古之黃鍾至於

以黍求積其法如何則前人已言之『至於准黃鍾之律爲量爲衡，則不可逕致故必用容黍之法，黃

鍾容千二百黍亦當時偶然之數使止容千黍，卽准千黍爲量爲權亦可也』然古黃鍾在漢時較量，

適容一千二百黍容黍之法，漢始有之，以漢較量黃鍾之度度之得黃鍾之容積爲八百一十立方分。

即漢尺
之分。
容黍之法本不可靠是故考量之法當以由度求積爲宜

考衡之法本可準之以容量而後驗之以物以求其衡今容量之數已得，惟所用之物爲秬黍則

不可以爲準也。

吳大澂以其所得之古玉律琯較所容秬黍之輕重以是得周兩之數較法如左。

『今以黃鍾玉律琯所容大小適中之黑秬黍，原註：即今高梁米，千二百顆平之，重今湘平八錢
河南產者爲最準。

四分若以爲十二銖每銖應重七分二十四銖應合今湘平一兩六錢八分古兩大於今兩不應如此

之重疑漢書所稱千二百黍重十二銖必有誤也兩之爲兩者分而爲二以象兩此兩字本義應得千

二百黍之半以六百黍爲一兩應重湘平四錢二分以此定周兩之輕重」

考吳氏所得之玉律琯，原命之爲十二寸，內徑得七分半，今卽假設其爲古黃鐘律，應合漢尺九十分，原命一分，爲漢分四分之三，七分半合漢分五分六釐二毫二絲，其管之容積，計爲漢尺二千二百三十餘立方分，較八百一十立方分之數，大二倍以上，雖此管根本非古黃鐘律管，然大致相差並不過鉅，故吳氏以「千二百黍爲十二銖」爲誤，而以六百黍命爲一兩，與原義差之四倍，此實吳氏之誤。然以其計得之數，尙與相近，見下節，故記之於此。

## 第五節　以貨幣考度量衡

何以貨幣可以考度量衡？貨幣者爲交易之媒介物，自古已然幣有大小輕重之定法度者權者有調劑適應之作用故此並行不悖故由貨幣考度量衡是亦一法。

據吳大澂較古幣之輕重曰：『古權名之見於泉幣者曰兩曰銖曰爰曰鈉爰卽鍰之古文鍰與鍰一字說文鍰鋝也鋝十銖二十五分之十三惟鈉之輕重古書無可考證古幣之一鈉二鈉今以古幣之輕重權之當係二鍰爲一鈉。』吳氏以其所較玉律琯容黍輕重得周兩合湘平四錢二分，而較古之幣輕重不同今以古幣輕重之數平均之以定周兩之數當較爲善吳氏較驗古幣之輕重並附

其考證歸納列於次表：

## 第八表　周代古幣重量實驗表

| 幣　名 | 重　量 | | 吳氏之考證 | |
|---|---|---|---|---|
| | 吳氏較驗 | 合公分重 | | |
| 「郢爰」金幣 | 湘平一兩九錢六分 | 七〇・二九八〇 | 此幣當是十鎰之金餅，出安徽鳳台縣古郢都地，李申耆先生兆洛載入鳳台縣志。一爰爲十銖二十五分之十三。 | |
| 「梁充釿五二當爰」布 | 八錢六分 | 三〇・八四五一 | 此幣當以五爰充五釿，故曰充釿五，五下注「二」「十」字者，言一幣五爰，二幣合十爰也。一爰爲十銖二十五分之十三。 | |
| 「梁正尚金尚爰」布 | 三錢四分 | 一二・一九四六 | 此二爰幣也。一爰爲十銖二十五分之十三。 | |
| 「虞一釿」布 | 三錢六分五釐（二個平均） | 一三・〇九一二 | 一釿爲二爰，一爰爲十銖二十五分之十三。 | |
| 「京一釿」布 | 二錢九分 | 一〇・四〇一二 | 同 | 右 |
| 「枭一釿」布 | 二錢九分 | 一〇・四〇一二 | 同 | 右 |

| 名稱 | 重量 | 公分 | 備考 | |
|---|---|---|---|---|
| 「安邑一釿」布 | 四錢 | 一四・三四六五 | 同 | 右 |
| 「晉垣一釿」錢 | 三錢九分 | 一三・九五八九 | 同 | 右 |
| 「安邑二釿」布 | 八錢（八個）（二個同） | 二八・六九三一 | 同 | 右 |
| 「安邑二釿」布 | 七錢六分（二個平均） | 二七・二五八四 | 同 | 右 |
| 「枈二釿」布 | 八錢五分 | 三〇・四八六四 | 同 | 右 |
| 「重一兩十二銖」錢 | 三錢六分 | 一二・九一一九 | | |
| 「黍布」貝 | 八分二釐（五個平均） | 二・九四一〇 | 古貝俗作蟻鼻錢，馬伯昂貨布文字考釋爲當六銖，以爲六銖則俏弱，今以兩貝爲一爰。 | |
| 「兊」貝 | 八分四釐（五個平均） | 三・〇一二八 | 古貝字作𡚁，此卽貝之象形字。 | |

吳氏較得重量數，係以湘平計之。更據吳氏云，湘平一兩〇四分合庫平一兩，而庫平一兩合三

七・三〇一公分，卽湘平一兩合三五・八六六三四六公分。表內重量合標準制公分數，卽係依此

折算者。

設不同類各物表示小單位之數值為A，B，C，……共n個，如云「二十四銖為兩」，則銖為小單位，如云「一貝當六銖」，命為A，則A為六；又設小單位進位之數為X，如云二十四銖進位為兩，則X為二十四。；又設a

，b，c，……分別為A，B，C，……各物折合新制單位之數，如「郢爰」金幣合七○．二九八○公分重之類。如是，本編所用平均之法如左●

$$M = \dfrac{\dfrac{a}{A} + \dfrac{b}{B} + \dfrac{c}{C} + \cdots\cdots}{n} \cdot X$$

據此法將周代古幣平均之，求得周兩之值為一四．九二八九四公分重即周一斤之值為二三八．八六三○四公分重。吳氏以今黍較得周兩為湘平四錢二分合一五．○六三八七公分相差並不算大。然以古幣較者當比今黍較者較為可靠故即以此求得之數為準。

秦統一天下之後定幣制銅錢重半兩即十二銖文曰「半兩」。秦之「半兩」泉據吳氏實驗得八泉共重湘平一兩八錢則

秦之一兩＝湘平1.8÷(½×8)兩＝0.45×35.866,346＝16.139,855,7公分重

秦之一斤＝16.139,855,7×16＝258.237,691,2公分重

「重二兩十二銖」錢，及「芯貝三」幣，其權重之數皆甚輕，約計一兩不過八至十一公分，較其他諸幣，一兩之重均在十四公分以上，相差過巨。於此可見周末度量衡幣之制皆不劃一。並未列入平均計算中。

漢與以秦錢重不便使用，屢經改鑄三銖錢，八銖錢，四銖錢，不能一定，後武帝之時，更鑄五銖錢，當時輕重大小頗稱適中，直至隋朝爲止凡七百餘年間五銖錢成爲歷代鑄錢之標準，然後之歷代雖以五銖爲號惟度衡不同其大小輕重自不相同而亦難以考驗。

前漢末王莽攝政好遵古制乃改革漢制倣周錢子母相權之法鑄造大泉及契刀錯刀，與五銖錢相並行其後又屢經制作新貨幣多種。王莽所鑄各種貨幣在漢時最爲精良其大小輕重見漢書食貨志及王莽列傳均可按籍而稽足爲當時度量衡之佐證除契刀錯刀之長及重漢志未載明不列入外其餘各幣之徑或長可據吳大澂所藏實比之圖測得之然後以之推得莽時尺度之長短。

據吳氏較驗重量之數亦可推得莽時斤兩之輕重今先以表列明各幣徑長重量及考證於下：

### 第九表　新莽貨幣徑長重量實驗表

| 幣　名 | 徑或長平均 值合公釐數 | 重 | | 量 | 考 | 證 |
|---|---|---|---|---|---|---|
| | | 吳 氏 較 驗 | | 合公分重 | | |
| | | 湘平 一錢九分 （四個平均） | | | | |
| 大泉五十 | 二七‧二 | | | 六‧八一四六 | 徑一寸二分 重十二銖 | |

| 中布六百 | 次布九百 | 大布黃千 | 貨泉 | 小泉直一 | 么泉一十 | 幼泉二十 | 中泉三十 | 壯泉四十 |
|---|---|---|---|---|---|---|---|---|
| 四六・六 | 五二・〇 | 五五・〇 | 二三・〇 | 一四・六 | 一六・七 | 一八・七 | 二一・〇 | 二三・〇 |
| 三錢 | （三個平均）三錢七分 | （九個平均）四錢 | 九分二釐 | （十個平均）二分六釐 | 七分 | 七分 | （三個平均）九分 | 一錢 |
| 一〇・七五九九 | 一三・二七〇五 | 一四・三四六五 | 三・三九九七 | 〇・八七二五 | 二・五一〇六 | 二・五一〇六 | 三・二二八〇 | 三・五八六六 |
| 長二寸重二十銖 | 長二寸三分重二十三銖 | 長二寸四分重一兩 | 徑一寸重五銖 | 徑六分重一銖 | 徑七分重三銖 | 徑八分重五銖 | 徑九分重七銖 | 徑一寸重九銖 |

| 貨布名稱 | | | | |
|---|---|---|---|---|
| 差布五百 | 四〇·八 | 二錢二分 | 七·八九〇六 | 長一寸九分 重十九銖 |
| 厚布四百 | 三九·二 | 二錢 | 七·一七三三 | 長一寸八分 重十八銖 |
| 幼布三百 | 三五·二 | （損一足）（不計量） | | 長一寸七分 重十七銖 |
| 小布一百 | 三四·四 | 一錢九分五釐（二個平均） | 六·九三九 | 長十五分 重十五銖 |
| 貨布 | 五七·三 | 四錢七分七釐五毫（四個平均） | 一七·一二七二 | 長二寸五分 重二寸五銖 |

以上各幣大小輕重不能一一均與原定相符，宋史謂：「當時盜鑄既多，不必能中法度，但當較其皆合正史者用之，則銅斛之尺從可知矣」（新莽銅斛尺，後面還要詳說。）固言之有理，但所謂合者將如何判別之？今又不得考實則其幣已經過長久年月，不無侵蝕之處，而當時製造未必精準又爲其主因，現在仍用M法求其平均，以得其合中之數。

（一）長度之平均，命定以尺爲單位得一尺等於二二八·一三四三公釐。

(二)重量之平均，命兩爲單位，再求斤之值，得一兩等於一三‧六七四六四公分重，一斤等於

二一八‧七九四一八公分重。

由各幣測出之尺度最大最小間相差至八分之一，而重量則相差至於一倍，既差之若是之大，則雖求其平均之值，亦不可靠然此處不過先求出一個相當數值。至新莽一代眞正度量衡實值則有待於所謂銅斛實物以考證之此處數值將作爲參驗之證耳。

唐代鑄開元通寶錢徑八分重二銖四絫，十絫爲銖。積十錢重一兩。據吳大澂以其所藏唐開元錢，制作最精輪廓完好者平列十枚爲開元尺今測其實比之圖得唐開元尺，卽開元錢十枚之長合二

四‧六九公分則唐以開元錢徑八分之一尺其長爲三〇‧八六二五公分 $(2.469 \times \frac{100}{8})$ 又據吳氏較得唐開元錢十枚共重湘平一兩〇四分應合三七‧三〇一公分據此則唐之一斤已與淸庫平一斤相等或以爲當時衡制不應有如此之重淸古今圖書集成曰『唐開元錢重二銖四絫今一錢之重』則唐之衡重當已與淸制相等再觀唐代尺之長度亦約與淸之營造尺不相上下此又爲一證且此係依據實物較得者自不致大誤詳見下第八章第一二兩節之考證。

以錢較尺度之長短實爲最密之法，故朱載堉之言秦考定樣製，須將格式預先議定，朱氏所言之格式即錢法也。又古錢度數之最密者以莽之大泉唐之開元錢爲著稱。故朱氏又以大泉及開元錢之徑以爲其三黍四律法論歷代尺度之參證以下爲朱氏之言：

「黃帝尺宋太府尺皆以大泉之徑爲九分：漢尺與黃帝尺，寸同而分不同。漢以十分爲寸，即黃帝九分之寸也。漢以十分爲寸，即黃帝一寸，十寸爲一尺，即黃帝九分爲寸，九寸之尺也。

宋尺與黃帝尺，分同而寸不同，以十分爲寸，黃帝以九分爲寸。

「故宋尺去一寸爲漢尺，漢尺去一寸爲唐黍尺，即夏尺，夏尺加二寸半爲商尺，去二寸爲周尺。

「商尺唐謂之大尺，以開元錢之徑爲八分周尺以開元錢之徑爲十分；唐黍尺與黃帝尺同，而寸及分不同，唐以十分爲寸，黃帝以九分爲寸。

「王莽變漢製造大錢徑寸二分謂莽以漢尺之寸爲其尺之寸二分也。

「寶鈔黑邊外齊作爲一尺，即明工部營造尺，即唐大尺，以開元錢之徑爲八分宋尺之八寸一分爲明尺之八寸」

漢尺以大泉之徑爲一寸，唐黍尺以開元錢之徑爲一寸，而曰「漢尺去一寸爲唐黍尺」則開元錢之徑爲大泉之徑十分之九，即大泉平列九枚之長等於開元錢平列十枚之長。莽謂大泉之徑

寸二分者，指新莽尺而言，新莽尺即以莽幣較得之尺，或名爲貨泉尺，<sub></sub>十枚合整分一尺之長。　貨泉尺

莽幣之「貨泉」，徑一寸，

加二寸爲漢尺。又唐謂開元錢徑八分者，指唐大尺而言唐大尺去二寸爲唐黍尺，即吳大澂所謂唐

開元尺。大泉之徑爲貨泉尺百分之十二開元錢之徑爲開元尺百分之十，故

$$大泉之徑 = \frac{12}{100} \times 228.1343 = 27.38 公釐$$

$$開元錢之徑 = \frac{10}{100} \times 246.9 = 24.69 公釐$$

$$27.38 \times 9 = 246.4 公釐$$

$$24.69 \times 10 = 246.9 公釐.$$

則所謂大泉九枚與開元錢十枚相等，彼此互相驗之可證其爲不錯。

第一〇表　黍幣合古黃鐘律表解

古黃鐘律之長 {橫黍……一〇〇枚之長　縱黍……八一枚之長　斜黍……九〇枚之長} {大泉九枚之長　開元錢一〇枚之長}

歷代尺度以貨幣考證茲列表以明之：歷代度制均以十爲進，惟黃帝則以九爲進，不要忘記。

第一一表　中國歷代尺度以貨幣較驗系統表

| 朝代 | 尺名 | 以大泉九枚卽比較其相等之值 開元錢十枚 | 以幣為較驗之法 |
|---|---|---|---|
| 黃帝 | 黃帝尺 古律尺・縱黍尺 | 一・〇〇尺 | 以大泉之徑為九分 |
| 虞 | 虞尺 古度尺・橫黍尺 | 一・〇〇尺 | 以開元錢之徑為十分 |
| 夏 | 夏尺 同右 | 同右 一・〇〇尺 | 同右 |
| 商 | 商尺 | 〇・八〇尺 | 以開元錢之徑為八分 |
| 周 | 周尺 | 一・二五尺 | 以大泉錢八枚為十寸 |
| 漢 | 漢尺 | 〇・九〇尺 | 以大泉之徑為寸二分 |
| 新莽 | 貨泉尺 | 一・〇八尺 | 以開元錢之徑為八分 |
| 唐 | 唐大尺 | 〇・八〇尺 | 以開元錢之徑為八分 |
| 唐 | 唐開元尺 唐黍尺 | 一・〇〇尺 | 以開元錢之徑為十分 |
| 宋 | 宋太府尺 | 〇・八一尺 | 以大泉之徑為九分 |
| 明 | 明鈔尺卽部營造尺工尺 | 〇・八〇尺 | 以開元錢之徑為八分 |

古黃鍾律管之長

合秦縱之尺一尺每尺九寸每寸九分

合秦針之寸九寸即九十分

合秦橫之尺一尺每尺十寸每寸十分

合大泉九枚之長

合開元錢十枚之長

黃帝尺鍾律長一尺每尺九寸每寸九分

廣尺黃鍾長十寸

夏尺黃鍾長十寸

商尺黃鍾長八寸

周尺黃鍾長一尺二十五分

漢尺黃鍾長九寸

新莽尺之一尺八分合古黃鍾律管之長

大唐尺黃鍾長八寸

唐泰尺黃鍾長十寸

宋尺黃鍾長八十一分

明尺黃鍾長八寸

現再將以貨幣較驗所得之重量，亦列一表如左：

第一二表　各朝斤兩以貨幣較驗實值表

| 朝　代 | 一兩之值 | 一斤之值 | |
|---|---|---|---|
| 周 | 一四・九二九公分 | 二三八・八六三公分 | 以古幣之重量平均計得 |
| 秦 | 一六・一四〇公分 | 二五八・二三八公分 | 以秦半兩泉之重量計得 |
| 新莽 | 一三・六七五公分 | 二一八・七九四公分 | 以莽幣之重量平均計得 |
| 唐 | 三七・三〇一公分 | 五九六・八一六公分 | 以唐開元錢之重量計得 |

（以貨幣為較驗之標準）

## 第六節　以圭璧考度

圭與璧皆為玉之名，朝廷以玉為印信，謂之玉璽。國有大事，執玉圭以為符信，通稱瑞玉凡玉璽瑞玉均有一定之大小，註以尺寸，所以示信。故以圭璧考度之制足為更有力之證，惟以圭璧定度之制，周以後已不可考。此節本為考周朝一代尺度之法，今列於總考中亦所以為彙證之一驗耳。

周禮「典瑞璧羨以起度，玉人璧羨度尺，好三寸以爲度。」爾雅曰『肉倍好謂之璧』典瑞玉
人，周禮之官名凡物之圓形而中有孔者其外謂之肉中謂之好故好三寸則肉六寸爲璧共九寸羨
者、餘也溢也言以璧起度須羨餘之蓋璧本九寸數以十爲盈故益一寸共十寸以爲度是名「璧羨
度尺。」可作圖明之。

第 三 圖
璧 羨 起 度 圖
（縮尺二分之一）

吳大澂藏有一璧據其考證曰「周禮考工記「璧羨度尺好三寸以爲度」是璧好三寸兩肉

各三寸適合九寸加一寸爲一尺故曰璧羨度尺」惟吳氏命「璧羨度尺」又曰「鎮圭尺」蓋吳

氏以周之鎮圭爲考證之主因而名之其實周以圭璧寓度本起於璧仍宜名爲「璧羨度尺」或簡

稱爲周尺。

吳氏以圭璧考周代度制除此璧而外有考據足爲證驗者有六件曰鎮圭、桓圭、大琮、大琬、瑂、與

瑑。六圭爲度制之考證如左。

（一）鎮圭長一尺二寸周禮「玉人鎮圭尺有二寸。」

（二）桓圭長九寸周禮「命圭九寸謂之桓圭」

（三）大琮長一尺二寸周禮「玉人大琮十有二寸」

（四）大琬長一尺二寸吳氏曰：書顧命鄭注「大琬度尺二寸者。」

（五）瑂長五寸吳氏曰：「說文「瑂諸侯執圭朝天子天子執玉以冒之似犂冠」段注云：「爾

雅注作犂館謂粗也」周禮「匠人粗廣五寸二粗之伐廣尺」是玉五寸與犂冠之說合。」

（六）琬長六寸吳氏曰：『周禮鄭注，引相玉書曰琬玉六寸。』

以上六圭與璧關於度制考證之處均一一相符，足爲周制璧羨度尺之驗證惟實際測得之數，

彼此亦微有出入璧爲起度之本此六圭可爲驗度之證故應先求六圭爲尺之平均數依M法求之

爲一九八・五五七五公釐再與璧平均以求中數作爲璧羨度尺之長。

璧徑九寸實測之長爲一七・七三公分。

$$一尺之長＝\frac{100}{90}×177.3＝197\ 公釐$$

$$故璧羨度尺＝\frac{197＋198.5575}{2}＝197.77875公釐＝周尺之長$$

第七節　度量寓法於自然物之一般

除人爲物——黃鍾貨幣、圭璧足爲度量衡之考證自然物僅秬黍佐黃鍾以存法外其餘相傳

爲中國度量衡制度起源之標準物即不外自然物之人體絲毛粟黍雖其爲制之實長實容實重已

不可考，不足以為法制之準，考證之實；然亦頗足以代表中國社會文化發源之早，社會制度產生之

複雜，蓋亦以表明中國度量衡制度之未得統一，而為中國度量衡史之另一頁。

一、寓法於人體者，有如下各種說法：

史記夏本紀『禹聲為律身為度稱以出』索隱曰：『一解云身為律度，則儱衡亦出於其身，故云稱以出也』。

家語孔子云『布指知寸布手知尺舒肘知尋，大戴禮記所載同。斯不遠之則也』蓋用手拇指與中指一叉相距，謂之一尺；兩臂引長剛得八尺，謂之一尋；中指中節上一紋，謂之一寸，蓋中指有二橫紋，准上一紋也。

淮南子『人修八尺尋自倍故八尺而為尋；有形則有聲音之數五，以五乘八，五八、四十，故四丈而為匹匹者中人之度也。』

周制寸咫尺丈尋常仞皆以人體為法，說文：『寸，十分也人手郤十分動脈為寸口十寸為尺；又，『婦人手八寸謂之咫』又『丈丈夫也周制八寸為尺十尺為丈人長八尺故曰丈夫。以上為度法。

孔叢子『跬一舉足也倍跬謂之步四尺謂之仞倍仞謂之尋尋舒兩肱也倍尋謂之常；一手之盛謂之溢兩手謂之掬以上為量法。

公羊傳『膚寸而合』，何休注曰：『側手爲膚案指爲寸。』

投壺注：『鋪四指曰扶，一指案一寸。』

大晟樂書：『宋徽宗皇帝指扶，一指案三節爲三寸。』

度地論：『二尺爲一肘，四肘爲一弓。』

二、寓法於絲毛者有如下各種說法：

易緯通掛驗『十馬尾爲一分。』

孫子算術『蠶所吐絲爲忽，十忽爲秒，十秒爲豪，十豪爲釐，十釐爲分。』

說文『十髮爲程，十程爲分。』

孟康曰『豪兔豪也，十豪爲釐』

宋史律歷志註：『毫者毫毛也自忽絲毫三者皆斷驥尾爲之，氂者氂牛尾毛也。』

三、寓法於粟黍前論之租者黍除外者有如下各種說法：

淮南子『秋分葉定葉定而禾熟律之數十二，故十二葉而當一粟，十二粟而當一寸；其以爲重

十二粟而當一分，十二分而當一銖，十二銖而當半兩。

　　說苑：「度量權衡以粟生，一粟為一分，一分為一寸，千二百粟為一籥，十籥為一合，十粟重一圭，十圭重一銖，二十四銖重一兩。」又曰：「十六黍為一豆，六豆為一銖。」

　　孫子算術：「六粟為一圭，十圭為秒，十秒為撮，十撮為勺。」

　　說文：「十黍為絫，十絫為銖。」

　　孟康曰：「六十四黍為圭，四圭曰撮。」

# 第三章　中國度量衡單量之變遷

## 第一節　變遷之增率

計算物體之數量有二部：一曰數，二曰量；量有小大，則計數有多寡，如云「人長十尺」又曰「一丈，」尺之量小為丈之十分之一，云數則為丈之十倍。尺丈之量，是為單位度量衡單位名稱雖有種種但可歸納之於三類一曰基本單位二曰實用單位，三曰輔助單位，此為古今中外所共同基本單位為法制之標準所謂基本量者每一類量中只有一實用單位是為實用之量；其餘所有單位均為計量時輔助之用，故名為輔助單位本章祇在考中國歷代度量衡基本量或實用量大小之變遷至於單位整個命名命位之系統則在下章詳之。

本章所考各類量大小之變遷為長度之尺容量之升重量之兩斤，及地積之步畝。

考中國度量衡單位之量為由小而大之演進王國維曰：『嘗考尺度之制由短而長，殆成定

例，」然不僅尺度之制，由短而長量衡之制均屬同然研究中國度量衡史在制度演進方面雖無精

彩然在量之大小變遷上研究之則能十足表現其進步之情況故研究單量之變遷實較制度之標

準為更有興趣。

量之大小變遷之情況，以變遷率表明之。變遷率係以最初之量為標準即以其所變遷之量對

於最初之量之比表之。如最初之量為Q，變遷後之量為Q'，則所變遷之量為Q'－Q，故

$$變遷率 = \frac{Q'-Q}{Q}$$

度量衡三量之變遷同為由小而大，即其變遷率為正，故曰增率。然三量增率之大小及變化，則又不

相同以量為最權衡次之度又次之。

三代以前度量衡單位之量據籍載有增有減，然三代以前歷史渺茫多屬後人揣測之詞，尚未

可作定論而度量衡單位量之大小當自新莽為始，乃可作真實之考證。自新莽始中國度量衡增率

之變化可分為三期：後漢一代度量衡之制一本莽制所有量之變化，乃由無形增替所致，是為變化

第一期；南北朝之世政尚貪汙，人習虛僞，每將前代器量，任意增一倍或二倍以致形成南北朝極度

變化之紊亂情形，至隋為中止是為變化第二期；唐以後定制大約均相同其所有變化，亦由實際增

替所致非必欲大其量以多取於人，自唐迄清是為變化第三期。

尺度之增率，在三量中尺為最小其原因蓋以尺之長短易於識別，所謂尺者識也，布手而知。

故尺之長度雖代有增益尚不過巨其增率：在變化第一期中約為百分之五，在變化第二期中約百

分之二十五，在變化第三期中約為百分之十整個之增率約為百分之四十。

量之增率在三量中為最大蓋我國以農為本故納稅制祿之數，皆用斗斛之量，左傳言四量，孔

孟言釜鍾是即為計稅祿出納數所定之量。因量為官民出納米粟之準其奸弊之甚，自遠甚於尺度，

此量之增率變化最大之第一原因。而尺可以目及手判驗其長度雖有所增，必不過巨而量則難以

判定一升之量視之固為升二升之量亦視之為升極為普遍之事此量之為量易於為弊是乃第二

原因量之增率：在變化第一期中尚無顯明之差異，約為百分之三在變化第二期中則由百分之百，

以至百分之二百在變化第三期中亦約為百分之二百整個之增率約為百分之四百。

權衡之增率，在度量二量之間因權衡之重，亦如量器不易視出其大小，故其增率大於度；而權

衡之用，非爲官民出納上主要之量，至後代行金銀幣制始以權衡計其重量以爲出納之準，而計金

銀之重量又較計米粟之容量爲精求，故其增率又比量爲小權衡之增率，在變化第一期中並不顯

明，在變化第二期中則由百分之百，至百分之二百，在第三期中幾無變化整個之增率，亦即約爲百

分之二百。

度量衡總增率：在變化第一期約爲百分之三，第二期約爲百分之一百四十，第三期約爲百分

之七十。

地畝之一量，歷代並無確定之制，或曰六尺爲步，百步爲畝；或曰五尺爲步，二百四十步爲畝，此

爲歷代言畝量之詞。但歷代既全無土地丈量之舉辦，亦無土地計畝之實施，故言畝制僅列歷代由

尺計步，由步計畝之數，至其畝之單位實量大小之變化率，實不必作比較亦無作比較之價值。

以上言度量衡增率之變化，乃係指朝廷定制變遷之標準而言。至於民間實際行用之度量衡

器具，其大小之間變化更大尺度之長短，有差至一倍半者升量之大小，有差至十倍者，俗語謂：「南

人適北，視升

為斗」，實有其事也。斤兩之輕重，有差至五倍者；又如計地畝之法，步有五尺、六尺、七尺、八尺等之不同，畝有二

百四十方步三百六十方步，七百二十方步等之差異。然此等之變化，均非標準之變遷乃民間任意

大小本各不相謀亦無從述其變化之率。

第一三表　度量衡變遷之增率表解

度量衡變遷之增率

| | 1900 | 1700 | 1300 | (民元)0 |
|---|---|---|---|---|
| 度 | 五％ | 二五％ | | 一〇〇％ |
| 量 | 三％ | 二〇〇％ | 二〇〇％ | |
| 衡 | | 二〇〇％ | | |
| 總 | 三％ | 一四〇％ | | 七〇％ |

第二節　中國尺制之三系

中國度制以尺為基本單位，及其為用，則有三種分割，即尺之為實用單位，有三個系統其分制

始自周代，分說於次。

（一）度之制生於律，因考律而定尺，是爲歷朝定制，即律用尺，可名爲法定尺。

（二）中國木工因農業而與起，周有「車人」之名，即爲攻木之工，所以造車及農具者，木工用尺本即爲律用尺，而周代建築事業發達，自是木工建造所用之尺自成一個系統曰木工尺，世稱周之公輸魯班（約在民國前二四○○年之世）爲木工之聖，故又稱魯班尺。

（三）周制裁縫王及后之衣服爲「裁縫」，其所用尺亦本律用尺，而後人通稱衣之工曰裁縫，其所用之尺因亦另爲一系統曰衣工尺，俗稱裁尺。

以上三種實用尺度，均一本於律制本無別；蓋自中周以後，度量衡之制已不統一，於是木工衣工，各依其事業之方便，各自傳其尺度之制，因而與各代傳替律用之法定尺分成爲三個系統。

第一系統爲中國歷代法定之制其傳替變遷，大致尚有可考亦即本編所研究者。

第二系統僅最初之標準一本於虞夏古黃鍾律尺之制，其後幾全不受歷代定制之影響考其因，蓋由於木工爲社會自由工業，而在中國，又係師傳徒受代代相承，少受政治治亂之影響木工尺

之度，卽其相傳之制也。木工尺標準之變遷，自古以來蓋祇有一變。朱載堉曰：「夏尺一尺二寸五分，均作十寸卽商尺也。商尺者卽今木匠所用曲尺蓋自魯班傳至於唐唐人謂之大尺由唐至今（明）用之名曰今尺又名營造尺」韓苑洛志樂：「今尺惟車工之尺最准萬家不差毫釐少不似則不利載是孰使之然古今相沿自然之度也。然今之尺則古之尺二寸所謂「尺二之軌天下皆同」昔魯公欲高大其宮室而畏王制乃增時尺召班【公輸魯。班。】授之班知其意乃增其尺進於公曰：「臣家相傳之尺乃舜時同度之尺」乃以其尺為尺之度」木工尺本為舜時同度之尺，卽夏尺之一尺二寸五分【夏橫黍百枚古黃鍾律】度之制至周時魯班增二寸以為尺乃合商十二寸為尺之制卽合夏尺之一尺二寸五分。韓氏云

「尺二之軌」者卽合「商十二寸為尺」之旨非謂一尺二寸木工尺自是一變相沿而下從無變更。此處言無變更者，亦指定度之標準而言。至于各地所用魯班尺，亦有長短之差，然其差之原因，蓋有製造不精，日久磨損，以致舛訛之誤。考其長短之間相差並不過巨，卽其明證，而若第一系統尺度之差，非常之大。為朝代傳接，標準累有變更，以致各地民間用尺長短之差，是則非僅由製造磨損之一因，而標準變遷又係一因。均見于第十章。

第三系統其初本於律度但裁縫事業非代代相承不替，故日久則尺度並無標準而後來民間通用之尺，亦與裁尺不分，故民俗凡通用尺均視為裁尺而反以朝廷法定之尺名之為官尺。此「非

「官尺」所以脫離法制，而不能列入朝廷法定之第一系統。其為尺已無制，本不能成為一系統，但為與前二系區別起見，故以第三系統目之。又民間前代傳有之尺，後人用之，朝廷法定之尺人民又用之，而其間增損訛替毫無根據紛亂之情況亦無法以統計此民間用尺所以蕤亂參差彼長此短有及倍而過者。又清之營造尺，由于累黍較定者，木工所合其所比裁尺九寸之數，非裁衣尺之標準。又清初有「裁尺之九寸為營造尺一尺」之紀載，然此只為當時定營造尺之度，用之尺，並未受其改變之影響，此並非木工尺傳替之標準，不可列入第二系統中。

## 第一四表　中國尺制三系表解

中國尺制三系 ── 法定尺 ──（標準變遷見前後各章）
　　　　　　 ── 木工尺 ──（尺度最准標準只有一變）── 最初標準 ── 古黃鐘律長橫黍百枚整分之度
　　　　　　 ── 衣工尺 ──（增損訛替變遷無標準）

## 第三節　長度之變遷

論尺度之變遷必須先定變遷之標準，前述變遷率係以新芬制為標準，此處應求證實據前章之考證，可引為度制考據之實者有三。

上編　第三章　中國度量衡單量之變遷

六一

（一）大泉之徑與開元錢之徑，其比為一〇與九，已屬確實，故新莽貨泉尺之長為二二八・一

三四三公釐，此為實證之一。

（二）周尺即璧羨度尺，其長為一九七・七七八八公釐，此為實證之二。

（三）度量衡標準與其以他物為證，不如以度量衡實器考之，更為妥當，中國古代度量衡器中，惟新莽嘉量尚完整存至於今，據劉復由嘉量上較得新莽嘉量尺之長為二三〇・八八六四公釐，此為實證之三。詳見下第六章第六節。

新莽貨泉尺嘉量尺均為新莽一代之尺度，所以一以貨泉，一以嘉量為之名者，乃後人以新莽制作之貨泉或嘉量考之之故，欲正其名，宜以「新莽尺」名之為宜。新莽尺以貨泉及嘉量較得之結果相差為二・七五二一公釐，此差數以當時製造上可能精密之度，及後人在較驗上以所取之準度與方法之不同二者而論，並不過大，而況其數在一尺全長之度數內，不過將及百分之一耳。

再據朱氏之論，周尺與新莽尺之比為一〇八比一一五，即可由周之璧羨度尺，推得新莽尺之
度。

故據周壁羨度尺推得新莽尺之度，亦符以新莽貨幣及新莽嘉量二者較得之數。

於此更得一實際足為周尺與新莽尺比數關係之佐證；周尺之比數，由黃鍾律推得者，新莽尺之比數，由貨幣推得者，故由黃鍾律與貨幣二者推得之比數又能相通。再如明丘濬曰：「明鈔尺六寸四分，當周尺一尺」，此與「明鈔尺之八寸及周尺一寸二寸五分，皆合古黃鍾律長」之說，二者比率亦正相符合。是亦為由黃鍾律與由貨幣二者推法相通之證。

前言據新莽嘉量較得新莽尺之長為二三○・八八六四公釐，此係一種較得之數。清朝定制，營造尺七寸二分實合新莽尺一尺。而清營造尺定制於清初至清末仍本清初之制而重定其標準，清末之標準即清初之制度。其詳見第九章之考證。據清末之標準營造尺一尺為三二○公釐，則是以新莽尺為歷代尺度比較之標準以清營造尺度之準實又為最善之法。

0.72×320＝230.4公釐＝新莽尺（定度之準）

前依新莽貨泉，周壁羨度尺及新莽嘉量較得之數，均與此相符，計由貨泉壁羨較得者小，由嘉量較得者大。今依清營造尺為準以推新莽尺實亦係由嘉量推得，一較一推，所差又屬至微，則新莽尺之

長度，當不致有大誤矣。

今擇定新莽尺為中國歷代尺度變遷比較之標準，實為至善，前章言黍幣以推得歷代尺之比數，及隋書律歷志載南北朝諸代尺均可以新莽之制為較驗，故中國尺度變遷標準可作完全之考證，分列圖表如左以表明之：

第一五表　中國歷代尺之長度標準變遷表

| 民國紀元前 | 朝代 | 百分比率 | | 一尺合公分數 | 一尺合市尺數 | 備考 |
|---|---|---|---|---|---|---|
| | | 以古黃鍾為準 | 以新莽尺為準 | | | |
| 四六〇八以後 | 黃帝 | 一〇〇 | | 二四·八八 | 〇·七四六四 | 黃帝之度，以九為進退。 |
| 四一六六—四一六 | 虞 | | 一〇〇 | 二四·八八 | 〇·七四六四 | |
| 四一一六—三六七七 | 夏 | | 一〇〇 | 二四·八六 | 〇·七四六四 | |
| 三六七七—三〇三三 | 商 | | 一二五 | 三一·一〇 | 〇·九三三〇 | |
| 三〇三三—二二三六 | 周 | | 八〇 | 一九·九一 | 〇·五九七三 | |

| 公元年代 | 朝代 | | | 公分 | | 備註 |
|---|---|---|---|---|---|---|
| 二二六一—二二一七 | 秦 | 〇·九一〇〇 | | 二七·六五 | 〇·八二九五 | 秦以漢制計，參見下第六章。 |
| 二二一七—一九〇四 | 漢 | 〇·九一〇〇 | | 二七·六五 | 〇·八二九五 | |
| 一九〇三—一八八八 | 新莽 | 一·〇分之一〇〇 | 一〇〇 | 二三·〇四 | 〇·六九一二 | |
| 一八八七—一六九二 | 後漢 | 〇·九分之一〇〇 | 一〇〇 | 二三·〇四 | 〇·六九一二 | 後漢至隋諸尺以新莽尺為比尺標準，詳見下第六、七兩章。見之第六章第九。 |
| 一八三一以後 | 後漢 | | 一〇三·〇七 | 二三·七五 | 〇·七一二五 | 此乃景帝時所造漢尺度，見下第六章第九節之一。 |
| 一六九二—一六四七 | 魏 | | 一〇四·七 | 二四·一二 | 〇·七二三六 | |
| 一六四七—一六三九 | 晉 | | 一〇四·七 | 二四·一二 | 〇·七二三六 | |
| 一六三八—一五九六 | 晉 | | 一〇〇 | 二三·〇四 | 〇·六九一二 | |
| 一五九五—一四八二 | 東晉 | | 一〇六·二 | 二四·四五 | 〇·七三三五 | |
| 一三三一—一三〇六 | 隋 | | 一〇二·二一 | 二三·五五 | 〇·七〇六五 | 南北朝尺度詳細情形，見下第七章第一節。 |
| 一三〇五—一二九四 | 隋 | | 一二八·一 | 二九·五一 | 〇·八五三三 | |
| 一二九四—一〇〇五 | 唐 | 一二五 | | 三一·一〇 | 〇·九三三〇 | |

|  |  |  |  |  |  |
| --- | --- | --- | --- | --- | --- |
| 一○五一—九五二 | 五代 | 一二五 | 三一·一○ | ○·九三三○ | 五代以唐制計，參見下第八章。 |
| 九五二—六三三 | 宋 | ○·八一分之一○○ | 三○·七二 | ○·九二一六 |  |
| 六三三—五四四 | 元 | ○·八一分之一○○ | 三○·七二 | ○·九二一六 | 元以宋制計，參見下第八章。 |
| 五四四—二六八 | 明 | 一二五 | 三一·一○ | ○·九三三○ |  |
| 二六八—民元止 | 清 | ○·七七分之一○○ | 三二·○○ | ○·九六○○ |  |

木工尺標準變遷及其長度之數，列表於左：

第一六表　中國木工尺之長度標準變遷表

| 民國紀元前 | 百分比率（以古黃鐘律爲準） | 一尺合公分數 | 一尺合市尺數 |
| --- | --- | --- | --- |
| 約二四○○年以前 | 一○○ | 二四·八八 | ○·七四六四 |
| 約二四○○年以後 | 一二五 | 三一·一○ | ○·九三三○ |

## 第四節　容量之變遷

| 民國前 | 朝代 | 以市尺表示長度 |
|---|---|---|
| 4608以後 | 黃帝 | 0.7464 市尺 |
| 4166–4116 | 虞 | 0.7464 |
| 4116–3677 | 夏 | 0.7464 |
| 3677–3033 | 商 | 0.9330 |
| 3033–2136 | 周 | 0.5973 |
| 2261–2117 | 秦 | 0.8295 |
| 2117–1904 | 漢 | 0.8295 |
| 1903–1888 | 新莽 | 0.6912 |
| 1887–1692 | 後漢 | 0.6912 |
| 1831以後 | 後漢 | 0.7125 |
| 1692–1639 | 魏晉 | 0.7236 |
| 1638–1596 | 晉 | 0.6912 |
| 1595–1482 | 東晉 | 0.7335 |
|  |  | （南北朝尺度之比較詳見第一六圖） |
| 1331–1306 | 隋 | 0.8853 |
| 1305–1294 | 隋 | 0.7065 |
| 1294–1005 | 唐 | 0.9330 |
| 1005–952 | 五代 | 0.9330 |
| 952–633 | 宋 | 0.9216 |
| 633–544 | 元 | 0.9216 |
| 544–268 | 明 | 0.9330 |
| 268民元止 | 清 | 0.9600 |

中國歷代度制尚可作較詳之考證於量及權衡之制則不然，非輕於量衡，而重於度。蓋一代之

與必考律律有度而度以定此其一；量衡之制定於度制定則量之大小權衡之輕重可由度數推

定，如云「八百一十立方分爲一龠」，『黃金一立方寸之重爲一斤』，此其二基是二因吾人考量之制即須着重於度數之推定次及各

代量制容量大小之比數。

（甲）歷代量制標準以度數爲定可引爲量制考據之實者有七：

（一）周禮栗氏爲量龠之制深尺內方尺而圓其外由此計得龠之容積爲一五七〇‧八立方

寸,升爲龠六十四分之一升之容積應爲二四‧五三七五立方寸依周尺計得周一升之容量爲一

九三‧七一一二公撮。

（二）古黃鍾龠之容積依漢尺爲八百一十立方分漢制合龠爲合十合爲升則漢一升之容積，

爲一六‧二立方寸容量爲三四二‧四五二六公撮。

（三）新莽嘉量亦依漢制惟新莽尺小應依新莽尺計算得新莽一升之容量爲一九八‧一三

五六公撮。

據劉復依新莽嘉量較得升之容量為二○○·六三四九公撮，劉氏以其較得嘉量尺之長為計算之準度，又以實際

較量之得數，二者平均得之。但，第一、依實物較量，法雖至善，而歷代其他之器均無存，固不必以一器為法

；第二、尺度之數，前節已為確定，且古者製造之差大，依器較得者，而吾人在研究古代度量衡事實之標準情況，以

其當時確定容積之數法計之，實為不二之法，作為實驗之證可耳。今依容積標準推算之得數，與劉氏依

器較得之數，二者相差不過二·五公撮，此在當時製造上亦不能免其咎。劉氏亦云：『無如原器製造得

並不精密，從此一點所量得的徑或深，並不等于從別一點所量得的徑或深』，參見下第六章第六節。

（四）晉書律歷志曰『魏陳留王景元四年劉徽注九章商功曰「當今大司農斛圓徑一尺三

寸五分五釐深一尺積一千四百四十一寸十分寸之三。」』若以現今通用圓周率計之魏斛實

為一四四二·○一四立方寸。魏制十斗為斛，百分一為升之容積應為一四·四二○一四立方寸，

依魏尺計之魏一升之容量為二○二·三四九二公撮。

（五）隋書律歷志：『後周玉斗內徑七寸一分深二寸八分積玉尺一百一十寸八分有奇，斛積

一千一百八十寸五分七釐三毫九秒。』，此處寸位以下、分、釐、毫、秒亦依現今通用圓周率計之，後周

至斗容積為一一○·八五七六三九二立方寸十分一為升之容積應為一一·○八五七六四立

方寸依玉尺之長度見下第七章第一節。計之，後周玉斗一升之容量為二一○·五三四四公撮。

（四）（五）兩項計得魏及後周量之容積，均較原敦爲大，蓋當時所用圓周率之數小於今也。隋志載後周玉斗積數，乃唐李淳風注書時計算者，與現計之數，所差至微。晉志載魏斛積數，係魏劉徽計算者，在當時圓周率之差爲大，故與現計之數，相差亦較大，但斛積之差不過〇・七立方寸，一升之差僅千分之七立方寸，其數亦甚微也。

（六）三通考輯要『明鐵斛依橫黍度尺，即清律。斛口內方一尺一寸五分底內方一尺九寸二分，深一尺二寸八分。』依此計得斛積爲三〇八二・八一三四四立方寸合清營造尺爲一六三八・三三三四五七立方寸，明制五斗爲斛五十分之一爲升之容積應爲三二・七六六六六九立方寸，依清營造尺計之，明一升之容量爲一〇七三・六九八二公撮。

（七）清制升之容積爲三一・六立方寸合一〇三五・四六八八公撮。

（乙）各代量制容量大小之比較僅爲前人之較量，其採取之方法已不可考而記載亦爲約略之語，今用之亦祇爲約略之數。

（一）隋書律歷志『梁陳依古斗，齊以古升一斗五升爲一斗，參見下第七章第八節之三。後周玉斗一升得官斗一升三合四勺，開皇以古升三升爲一升，大業初依復古斗』

（二）孔穎達左傳正義『魏齊斗於古二而爲一』

（三）沈括筆談『予受詔考鍾律及鑄渾儀，求秦漢以來度量斗陸斗當今宋之一斗七升九合。』

（四）元史『以宋一石當今元七斗。』

以上各段之紀載，參見下第五章至第九章各該代度量衡之考證又各段中有所謂古者，乃係以新莽之制爲準，參見下第七章第八節之一。茲將中國容量變遷標準分列圖表於左：

第一七表　中國歷代升之容量標準變遷表

| 民國紀元前 | 朝代 | 一升合公撮數 | 一升合公升數 | 備考 |
|---|---|---|---|---|
| 三〇三三—二二三六 | 周 | 一九三·七 | 〇·一九三七 | |
| 二二三六—二一一七 | 秦 | 三四二·五 | 〇·三四二五 | 秦以漢制計，參見下第六章。 |
| 二一一七—一九〇四 | 漢 | 三四二·五 | 〇·三四二五 | |
| 一九〇三—一八八八 | 新莽 | 一九八·一 | 〇·一九八一 | |
| 一八八七—一六九二 | 後漢 | 一九八·一 | 〇·一九八一 | 後漢以莽制計，參見下第六章。 |
| 一六九二—一六四七 | 魏 | 二〇二·三 | 〇·二〇二三 | |

| 範圍 | 朝代 | | | 備註 |
|---|---|---|---|---|
| 一六四七—一四八二 | 晉 | 二〇二·三 | 〇·二〇二三 | 晉以魏制計，參見下第七章。 |
| 一四三三—一四一〇 | 南齊 | 二九七·二 | 〇·二九七二 | |
| 一四一〇—一三二三 | 梁陳 | 一九八·一 | 〇·一九八一 | |
| 一四一七—一三三五 | 北魏北齊 | 三九六·三 | 〇·三九六三 | |
| 一三五一—一三四六 | 北齊 | 一五七·二 | 〇·一五七二 | |
| 一三四六—一三三一 | 北周 | 二一〇·五 | 〇·二一〇五 | |
| 一三三一—一三〇六 | 隋 | 五九四·四 | 〇·五九四四 | |
| 一三〇五—一二九四 | 隋 | 一九八·一 | 〇·一九八一 | |
| 一二九四—一〇〇五 | 唐 | 五九四·四 | 〇·五九四四 | |
| 一〇〇五—九五二 | 五代 | 五九四·四 | 〇·五九四四 | 五代以唐制計，參見下第八章。 |
| 九五二—六三三 | 宋 | 六六四·一 | 〇·六六四一 | |
| 六三三—五四四 | 元 | 九四八·八 | 〇·九四八八 | |
| 五四四—二六八 | 明 | 一〇七三·七 | 一·〇七三七 | |
| 二六八—民元止 | 清 | 一〇三五·五 | 一·〇三五五 | |

## 第五節　重量之變遷

自太公立「黃金方寸其重一斤」之制後，歷朝均遵之以為校驗度衡二量之用。然歷代是否鑄有一立方寸黃金之原器則不可考，而黃金之比重各朝實用如何，亦不可考。若以今之黃金比重，依各朝寸法之數推算其重量之數，則因寸之實值有問題，其法亦難靠。今可為衡制考據之實者，僅前章以貨幣較得之數。此自亦非可依為絕對之準，然大約當不至差之過遠。既無其他更密之法當即依之以為約略之比較。

新莽權衡一兩之重，前依新莽貨幣較得為一三‧六七四六公分，據劉復依新莽嘉量較得為一四、一六六六公分。茲將二數平均之以為新莽一兩之重。

$$\frac{13.6746 + 14.1666}{2} = 13.9206 公分 = 新莽一兩之重$$

前人較量所得各代權衡之重量比數，亦不多見。

| 民國前 | 朝代 | 以市升表示重量 |
|---|---|---|
| 3033 / 2136 | 周 | 0.1937 市升 |
| 2261 / 2117 | 秦 | 0.3425 |
| 2117 / 1904 | 漢 | 0.3425 |
| 1903 / 1888 | 新莽 | 0.1981 |
| 1887 / 1692 | 後漢 | 0.1981 |
| 1692 / 1647 | 魏 | 0.2023 |
| 1647 / 1482 | 晉 | 0.2023 |
| 1433 / 1410 | 南齊 | 0.2972 |
| 1410 / 1323 | 梁陳 | 0.1981 |
| 1417 / 1335 | 北魏北齊 | 0.3963 |
| 1355 / 1346 | 北周 | 0.1572 |
| 1346 / 1331 | 北周 | 0.2105 |
| 1331 / 1306 | 隋 | 0.5944 |
| 1305 / 1294 | 隋 | 0.1981 |
| 1294 / 1005 | 唐 | 0.5944 |
| 1005 / 952 | 五代 | 0.5944 |
| 952 / 633 | 宋 | 0.6641 |
| 633 / 544 | 元 | 0.9488 |
| 544 / 268 | 明 | 1.0737 |
| 268 / 民元止 | 清 | 1.0355 |
| | | 1 市升 |

（一）隋書律歷志：「梁陳依古稱，齊以古秤一斤八兩為一斤，周玉秤四兩當古稱四兩半，開皇以古稱三斤為一斤，大業中依復古稱。」

（二）孔穎達左傳正義：「魏齊稱於古二而為一。」

中國重量變遷標準分列圖表如左：

第一八表　中國歷代兩斤之重量標準變遷表

| 民國紀元前 | 朝代 | 一兩合公分數 | 一斤合公分數 | 一斤合市斤數 | 備考 |
|---|---|---|---|---|---|
| 三〇三三—二一三六 | 周 | 一四·九三 | 二三八·八六 | 〇·四五七 | |
| 二二六一—二一一七 | 秦 | 一六·一四 | 二五八·二四 | 〇·五一六五 | |
| 二一一七—一九〇四 | 漢 | 一六·一四 | 二五八·二四 | 〇·五一六五 | 漢以秦制計，參見下第六章。 |
| 一九〇三—一八八八 | 新莽 | 一三·九二 | 二二二·七三 | 〇·四四五五 | |
| 一八八一—一六九二 | 後漢 | 一三·九二 | 二二二·七三 | 〇·四四五五 | 後漢至晉以莽制計，參見下第六七兩章。 |
| 一六九二—一六四七 | 魏 | 一三·九二 | 二二二·七三 | 〇·四四五五 | |
| 一六四七—一四八二 | 晉 | 一三·九二 | 二二二·七三 | 〇·四四五五 | |

| 年代 | 朝代 | | | | 備註 |
|---|---|---|---|---|---|
| 一四三三—一四一〇 | 南齊 | 二〇•八 | 三三四•一〇 | 〇•六六八二 | |
| 一四一〇—一三三三 | 梁陳 | 一三•九二 | 二二二•七三 | 〇•四四五五 | |
| 一五二六—一三七八 | 北魏 | 一三•九二 | 二二二•七三 | 〇•四四五五 | 北魏合莽制參見下第七章第六節。 |
| 一三七八—一三三五 | 東魏北齊 | 二七•八四 | 四四五•四六 | 〇•八九〇九 | |
| 一三四六—一三三一 | 北周 | 一五•六六 | 二五〇•五六 | 〇•五〇一一 | |
| 一三三一—一三〇六 | 隋 | 四一•七六 | 六六八•一九 | 一•三三六四 | |
| 一三〇五—一二九四 | 隋 | 一三•九二 | 二二二•七三 | 〇•四四五五 | |
| 一二九四—一〇〇五 | 唐 | 三七•三〇 | 五九六•八二 | 一•一九三六 | |
| 一〇〇五—九五二 | 五代 | 三七•三〇 | 五九六•八二 | 一•一九三六 | 五代至明合唐制,參見下第八章。 |
| 九五二—六三三 | 宋 | 三七•三〇 | 五九六•八二 | 一•一九三六 | |
| 六三三—五四四 | 元 | 三七•三〇 | 五九六•八二 | 一•一九三六 | |
| 五四四—二六八 | 明 | 三七•三〇 | 五九六•八二 | 一•一九三六 | |
| 二六八—民元止 | 清 | 三七•三〇 | 五九六•八二 | 一•一九三六 | |

第六圖　中國歷代斤之重量標準變遷圖

| 民國前 | 朝代 | 以市斤表示重量 |
|---|---|---|
| 3033–2136 | 周 | 0.4577 市斤 |
| 2261–2117 | 秦 | 0.5165 |
| 2117–1904 | 漢 | 0.5165 |
| 1903–1888 | 新莽 | 0.4455 |
| 1887–1692 | 後漢 | 0.4455 |
| 1692–1647 | 魏 | 0.4455 |
| 1647–1482 | 晉 | 0.4455 |
| 1433–1410 | 南齊 | 0.6682 |
| 1410–1323 | 梁陳 | 0.4455 |
| 1526–1378 | 北魏 | 0.4455 |
| 1378–1335 | 東魏北齊 | 0.8909 |
| 1346–1331 | 北周 | 0.5011 |
| 1331–1306 | 隋 | 1.3364 |
| 1305–1294 | 隋 | 0.4455 |
| 1294–1005 | 唐 | 1.1936 |
| 1005–952 | 五代 | 1.1936 |
| 952–633 | 宋 | 1.1936 |
| 633–544 | 元 | 1.1936 |
| 544–268 | 明 | 1.1936 |
| 268–民元止 | 清 | 1.1936 |
| | | 一市斤 |

第六節　地畝之變遷

我國上古之世，計土地面積，行井田計畝之法，秦廢井田之制以後，專以畝計地積。惟中國歷代對於地畝之數，本無精密統計，又未經清丈，亦無確定計畝之單位，故考歷代畝制根本無據可考。更不必言其變遷之情況。

地積之量以長度之二次方冪計之，地積本身則無爲標準之基本量，故言地畝之大小，可由尺度之數計之。中國畝制向以步計步又以尺計。周制六尺爲一步，一百方步爲一畝；秦漢以後二百四十方步爲一畝，唐以後改五尺爲一步，畝仍爲二百四十方步。此中國步制畝制變遷之概況。詳見下第四章第四節之考證。故若欲計各代畝量之大小，即以各該代尺之長度計算之，即得。惟前已言中國歷代根本無畝量確實之規定，今即依此法，雖可計算其大小之數，但若據此以表明其變遷標準，實至無價值。今僅將以尺數計步畝之法表明於次，以備參考。

第一九表　中國步畝之尺數變遷表

| 民國紀元前 | 朝代 | 一步合尺數 | 一畝合方步數 | 備 |
|---|---|---|---|---|
| 二一三六以前 | 周以前 | 六 | 一〇〇 | |
| 二一三六一一二九四 | 秦至隋 | 六 | 二四〇 | |
| 一二九四一民元止 | 唐至清 | 五 | 二四〇 | 考 |

# 第四章　中國度量衡命名通考

## 第一節　總名

完全度量衡之義可以「度量衡」「度量權衡」或為「度量」「衡權」「權度」三種稱謂名之。蓋物之長短及其二次冪三次冪之面積體積，以尺測之，是名為度；物之多寡以升測之，是名為量物之輕重以天平法馬及秤類測之，是名為衡。故總名之曰「度量衡」。顧平天秤之法馬及平其他秤類之錘本為重量，是名為權秤類之用，所以平衡權與物之相均，是名為衡。故又總名之曰「度量權衡」再則量之多寡不離度量與度同屬於有形大小測量之一類，合名為度，而計輕重者衡不離權衡與權同屬於無形輕重測量之一類，合名為權。故又總名之曰「權」

考「度量衡」之名，始自虞書「同律度量衡」之語，而闡明於漢書律歷志歷代因以名之。清代用「度量權衡」之名。至民國四年根據「權然後知輕重度然後知長短」之成語，而適合歐西

名稱名之曰「權度」（Weights and Measures），蓋以度量衡之基本量僅有長度及重量二種

故也。民國十八年國民政府公布度量衡法，而「度量衡」之總名，亦經確立蓋以基本量雖僅爲二，

而實用之量依其方法則有三。且淸代以前以量之容積由度數定之本屬於度之同類近代則由衡

數定之因不屬於度之一類於是容量必須與長度及重量同定其標準故以「度量衡」三字名之，

爲切合於實際且由此而生之其他一切「計量」均可納於「量」

此外在漢代以前，有以「度量」名之者，如少昊氏「正度量」是，周代亦以「度量」爲名，周公「頒度量」，
周禮內宰「出度量」，合方氏「壹度量」，大行人「同度量」等均是。而孔子則以「權量」爲名，故曰「謹權量」，
此類名稱均不能代表「度量衡」總名之全義。又歷代多卽以器名爲名，則不勝枚舉，如夏書「關石和鈞」，禮記
「鈞衡石，角斗角，正權概」，急就篇「量丈尺寸斤兩銓」，大事記「一衡石丈尺」，唐律「校斛斗秤度」，明會典
「斛斗秤尺」等均是其例。又，量衡生于度，而度生于律，故有以「律度」爲名者，非單謂度量衡也。

度量衡，合之稱爲「度量衡」，分之稱爲「度」「量」「衡」。分名之確立，蓋始於漢劉歆之
條奏曰「審度」曰「嘉量」而「衡權」。而「嘉量」之名，則周禮稟氏爲量已有此名。審者定也，
度者所以度長短以體有長短，則檢以度。故審度者定其度之長短。嘉者善也，張晏曰：「準水平量知

多少，故曰嘉。量者，所以量有多少則受以量有多少，故嘉量者準其量之多少。衡者，平也，權者，重

也。衡所以任權而均物平輕重權所以稱物平，施知輕重以量有輕重則平以權衡，故衡權者平其權

之輕重。又「嘉量」二字自來成為一專名自周禮已然。但「審度」不為度之名，「衡權」不為權之名。

度量衡之分法，最初尚有二系獨立於度制量制衡制之外一曰里制二曰畝制。家語五帝德篇：

「黃帝設五量」註謂「權衡斗斛尺丈里步十百五量」是里步獨立於度制之外。蓋中國最初丈

量之法未與計道路之長短，每以人之步數計之累步而為里，是為里制。計田地之廣狹，亦以步計

之，是步里亦為畝制之名。故黃帝設五量，其中里步一量為一制但里制及畝制並無顯明分際。至周

代已確定步與尺之比較。由是畝二制殆與度制視一而二二而一者。

清末以來于度制之中又別列一地積之制，是即分畝制於度制之外，而將里步命名為方里方

步，附列地積制中合度制與地積總名為「度法」民國四年公布權度法始將長度地積容量重量、

四法並列；民國十八年度量衡法仍民四之舊分為四法（按普通應用只有重量科學工程所用之

質量應歸納之）

第二〇表　度量衡總名歷史的表解

→表示屬于
⇢表示標準屬于

面積古已有冪、面冪、面積等名稱，體積古已有積立積、體積等名稱，但並無確定，僅為應用之便而命名。其名之確定則自近代為始。

第二節　器名

凡一制度之名有二：一曰法名，即其為制之單位名稱，如云「十分為寸，十寸為尺」此尺寸、分之名，法名也；二曰器名指其為器用之名，如謂度器曰「尺」此尺者器名，非十寸為尺法名之尺也。

凡度制、量制、衡制均有法名與器名二種。

度器之名，每即以度法之名之名之，如其器量為一尺，即名曰「尺」此最初之意；而後世則無論其器之長若干統名為「尺」，如一尺之度器曰「尺」，五寸之度器五尺之度器均可稱之為「尺」，是以「尺」為度器之總名蓋後世之訛傳。如今猶謂標準制度器長三十公分者名「三十公分尺」長五十公分者名「五十公分尺」此訛傳於前，而誤用於後者。

因「尺」視作度器之總名代名詞，言「尺」者以三種眼光分之：

（一）以「尺」之為用不同，而異其器之名者：較律用之度器，曰「律用尺」簡稱「律尺」；木工用之度器曰「木工尺」簡稱「木尺」又名「魯班尺」營造用之度器曰「營造尺」是由於木尺之分出衣工用之度器曰「衣工尺」又名「裁縫尺」簡稱「裁尺」此皆通用度器之名。關海尺為海關上專用之尺，係尋國之度器，不可與此同論。

（二）以「尺」之本制或國別，而異其器之名者：英國制之度器曰「英尺」，簡稱為「呎」，日本制之度器曰「日本尺」簡稱「日尺」；而法國「米突」制之度器曰「米突尺」「米達尺」「密達尺」「邁當尺」等，均係譯音今米突制為我國度量衡標準制不名之米突尺，而名米突之長度為「公尺」因「米突」之原意，亦為度量也。依公尺製為度器，亦不名「尺」而曰「一公尺」度器」餘依此類推。

（三）歷代因人之考定，而有「劉歆尺」「荀勗尺」等名者；又因考定之標準，而有「黍尺」。又有「橫黍尺」，「縱黍尺」之分。「錢尺」如「貨泉尺」，「開元錢尺」，「鈔錢尺」等是。等為名者是皆專為歷史上考證之用所以別尺度之名而非通用之度器也。

清末重定度量權衡制度又以度器構造式樣之不同，而分爲營造尺、矩尺、摺尺、鏈尺、捲尺五類。

民國四年權度法改營造尺矩尺之名爲直尺曲尺，民國十八年度量衡法仍之。考卷尺之制始於漢。

漢志曰「用竹爲引高一分廣六分長十丈」是即卷尺之制惟其名則始自近代。

量器之名有以嘉量爲名者大概一如度器以量法之名爲名古者量小依斗斛之容量制爲器，

故以斗斛爲量器之名，如大禹「平斗斛」，禮記月令「角斗甬」，指量器之名也。後代量大依升斗之容量制爲器故以升

斗爲量器之名。如俗謂「一國之內，兩斗並行」，「南人適北，視升爲斗」，此所謂升斗，甬即斛，此所謂斗斛，指量器之名也。清末重定度量權衡制度斛斗升外又明定

合勺二種爲量器之名現則專以「量器」爲名如「一升量器」「五斗量器」之類但習慣上仍

舊量法與量器之名不分也。

平量器口之器曰槩亦書作概；槩者、平也，言用槩如水之平以量器計量物體，須以口爲平，故平

量器口之器曰槩。周禮月令有「正權槩」槩之名，歷代沿用今仍之又杚亦音作槩古通用今不用。

衡權之器古名曰衡。衡者、重也稱物平施知輕重是權之爲器爲今之秤及法馬大夏

「審銓衡」銓卽權月令「正權槩」論語「謹權量」所謂權是均指重量之器衡者、平也任權均

物平輕重是衡之爲器即今之各種秤類。漢志曰：『五權之制，以義立之，以物鈞之其餘小大之差，以輕重爲宜圓而環之令之肉倍好者。』是古權之制其重有準其形有定式圓而有孔蓋即錘也今者錘多濫造既無輕重之準，不足爲重量之用矣。

顏師古曰『錘稱之權』考錘爲稱權之名，周時已有，揚子方言謂：『重也東齊之間曰鎮宋魯曰錘』

漢代之衡器即今之桿稱但漢志曰：『權與物鈞而生衡衡運生規規圓生矩矩方生繩繩直生準，準正則平衡而鈞權矣。』是漢代衡器已設有準稱俗作秤史記有『大禹身爲度稱以出』而『稱』之名周已有之，孫子有：『四曰稱』之文不過古者以『秤』爲衡法之名而『稱』『秤』相通通以稱或秤爲衡器之名漢以後始著如諸葛亮曰：『我心如秤，不能爲人低昂』隋志亦均謂稱，如『梁陳依古稱』是此後沿名無替清末始定名爲桿稱今仍之。

戲稱一作戥子亦名等子其制作據可考者唐有大兩小兩之分唐六典謂：『合湯藥用小兩』是即戲稱之制作，而無其名。宋景德（民國前九〇八──九〇五）時劉承珪製有一兩及一錢半

二稱，是亦戥稱之制，仍非其名。至宋元豐（民國前八三四——八二七）時中，始有等子之名，李方

叔師友談記：『秦少游言邢和叔嘗曰文銖兩不差，非秤上秤來，乃等子上等來也』是戥稱之用，所

以秤金珠藥物之分釐小數者，故今謂之曰鳌戥，明代曰等秤戥之名，清會典有其名，清末曰戥稱今

仍之，但習俗上仍有戥稱戥子等子鳌戥等之名。

天稱之名，始見於明會典，沿用於今法馬之器，亦古之所謂權者，迄無更名，宋史律歷志謂「馬」

明會典稱「法子」或「法馬」清稱「法碼」今仍之，其餘如臺秤地秤重秤等類衡器及其名，蓋

為由歐西輸入國內，古無其名，是否有其器亦不可考。

此外烙印之制，蓋用始於唐唐律疏議曰「校斛斗秤度，依關市令，每年八月詣太府寺平校，不

在京者詣所在州縣官校，並印署然後聽用。」唐以後烙印之制均有可考，宋史載印面有方印長印，

八角印。明會典有：『斛斗秤尺，較勘印烙發行』清會典亦有：『較驗烙印』之文，蓋烙印之法，唐宋

明清均行之，民國四年規定於權度法中，而對於蓋印之名，除烙印外又有鈐印之名，現行度量衡法

對於蓋印之制，更為嚴密。

第三節　長度之命名

度制之基本單位命名爲尺，自古已然，蓋以度本於律，律之數生於黃鍾，黃鍾之長爲一尺，於是

度制始定，而尺度亦爲度之基本量。

度法之實用原位亦爲尺，顧在周代以前，度名發生最早者，有寸、咫、尺、丈、尋、常、仞，皆以人體爲法，

因其爲用目的之不同，仞亦爲實用之單位。不特如此，且仞之爲度，脫離於尺度之外，蓋在當時度量

衡之制雖生，但尙無顯明之分割尺一制也，仞亦一制也，玆分說之：

（一）尺，卽度之基本單位考尺之制定於律爲國家定法以其近一仞之長，易於識別，故曰布手

知尺又曰尺者識也因而通用之以爲實用單位。

（二）仞，爲度深實用之單位蓋人以兩手一伸上下以度，卽爲一仞當時仞度與尺度並無關聯，

或有，而後世不能確定。

故其比數不能確定，設仞爲尺之輔助單位，不應無確定比數。僅孔叢子有『四尺謂之仞』之文。而周書云：『爲

山九仞』孔安國注云：『八尺曰仞』鄭玄注云：『七尺曰仞』論語『夫子之牆數仞』朱子註云

『七尺曰仞』孟子『掘井九仞』朱子又註云『八尺曰仞。』其餘或註爲七尺，或註爲八尺。考周

禮溝洫澮廣四尺深四尺謂之溝廣八尺深八尺謂之洫廣二尋深二仞謂之澮依其比列爲加倍之

義尋爲八尺仞亦八尺。度廣云尋，度深云仞，此即仞度爲尺度以外，專以度深之另一種度法名之證。再考尋與仞皆人伸兩手之全度惟普通之

度法所謂度廣曰尋則兩手左右平伸，盡其全度，度深則兩手上下直伸，不能盡其全度，則仞度小尋

爲八尺，而仞祇有七尺。然則仞與尺之比數既不能定吾人亦不必求之。『仞』在當時似爲尺度以外

之制，然其標準取則人體吾人祇能認爲度制中之另一實用單位可也。

家語『布指知寸布手知尺，舒肘知尋。』說文曰『人手卻十分動脈爲寸口十寸爲尺。』又曰：

『婦人手八寸謂之咫。』又曰『丈、丈夫也』周以八寸爲尺，十尺爲丈，人長八尺故曰丈夫。』又八尺

曰尋倍尋曰常。茲再將其餘名說列下以見最初度名之一般。

（一）孔叢子『四尺謂之仞倍仞謂之尋尋舒兩肱倍尋謂之常五尺謂之墨倍墨謂之丈倍丈

謂之端，倍端謂之兩倍兩謂之疋。

（二）淮南子：『古之度量輕重生乎天道黃鍾之律修九寸物以三生三九二十七故幅廣二尺

七寸音以八相生，故人修八尺，尋自倍，故八尺而爲尋，有形則有聲，音之數五，以五乘八，五八四十，故

四丈爲一匹。」

（三）大戴禮記「十尋而索。」

以上均爲周代以前度法命名，列表如次：

第二二表　中國上古長度命名表

| 系統類別 | 通用名稱 | 非通用名稱 | 進　位 | 備　　考 |
|---|---|---|---|---|
| 尺制 | 寸 | | 十分之一尺 | 基本單位亦爲實用單位 |
| | | 咫 | 八寸 | |
| | 尺 | | 十寸 | |
| | 丈 | | 十尺 | |
| | | 尋 | 八尺 | |
| | | 常 | 二尋即十六尺 | |
| | | 幅 | 二尺七寸 | |

| 仞制仞 | | | | |
|---|---|---|---|---|
| 索 | | | 十尋即二十仞 | |
| 常 | | | 二尋即四仞 | |
| 尋 | | | 二仞 | |
| 仞 | | 疋 | 二兩即八十尺 | 實用單位 |
| | | 匹 | 四丈即四十尺 | |
| | | 兩 | 二端即四十尺 | |
| | | 端 | 二丈即二十尺 | |
| | | 墨 | 五尺 | |

長度名稱，經漢書之整理祇存寸尺丈三名，而寸下增分，丈上增引，合而爲五，即所謂五度者，均以十進。

**第一三表　漢代五度表**

| 分 | 百分之一尺 |
|---|---|
| 寸 | 十分即十分之一尺 |
| 尺 | 十寸即單位 |
| 丈 | 十尺 |
| 引 | 十丈即百尺 |

自漢代而下，度制自尺之單位以上，均止於丈里步之名，發生雖早，而歷代均視里為虛制之命名。

清初里另為一法，度法亦止於丈。見數理精蘊。至清末重定度量權衡，丈以上有引里為十丈，及民國十八年度量衡法刪去步之名，並一引命里為一八〇丈，丈與尺之間列入步名，命步為五尺，改里之進位為一五〇丈。

參見下節。

度法分位以下之命名，蓋均為算家為計算而定者。故漢志命度至分為止，而又曰：「度長短者，不失毫釐」蓋祇謂度之微細也。新莽嘉量銘有庣旁幾釐幾毫之語，即由算法推定其數，而命其名者。自孫子算術有「蠶所吐絲為忽，十忽為秒，十秒為毫，十毫為釐，十釐為分」後，分釐毫秒忽遞以十退之命名，成算術所用之專名。秒位之命名至宋代改名為「絲」，清數理精蘊度法自忽而下，有微纖沙塵……之名，然為借用小數之命名，實際無用之者。至清末度法確定至毫位為止，經民國四年權度法及民國十八年度量衡法均無變更。但現標準制民四謂乙制。至釐位為止，蓋為適合西制原來命名及進位之法。

現制分標準制及市用制，標準制名稱，于普通命名之上，加「公」字，市用制加「市」字，標準制去「市」字亦可詳見下第十二章。

第二四表　漢以後長度命名表

| | | | | | | | |
|---|---|---|---|---|---|---|---|
| 丈十尺 | 尺十寸 | 寸十分 | 分十釐 | 釐十毫 | 毫十秒 | 秒十忽（宋以後名級） | 忽 |

面積單位爲長度單位之平方，體積單位爲長度單位之立方，故面積體積之命名隨長度命名而定。惟古者無「平方」「立方」之名，而仍以長度之名直接名之。故欲判其命名孰者爲長度孰者爲面積孰者爲體積，必察其上下文義定之。至以「方」爲名實始於清，至清末始確判其界限。然若長度以十爲進位則面積以百爲進位，體積以千爲進位，其理則不渝也。

此所謂以「方」爲名者指度名之上命以「方」如云五平方尺五立方尺古者，亦有「方」之名，但非若干方尺之謂乃「方若干」之謂如云「方五尺」指五尺平方面積爲二十五方尺。在今言「五尺平方面積二十五方尺」在古則曰「方五尺冪二十五尺」又「五尺立方體積一百二十五立方尺」古亦謂「方五尺，積一百二十五尺。」其意相通。

現今俗語有「地方」「土方」二名：「地一方」指十市尺長，十市尺寬之地面積合一百平方市尺；「地一公方」指一平方公尺之地面積；「土一方」指十市尺長十市尺寬一市尺高之土

體積，是為填土一方之體積合一百立方市尺。

## 第四節　地積之命名

地積單位名稱發生最早者為步畝與里據可考者亦以周為始。

漢志云：「古者建步立畝六尺為步步百為畝畝百為夫夫三為屋屋三為井井方一里。」

研究步畝里三單位應注意二點：一則其名何者為長度何者為面積次則論其進位今先言步：

虎通「人踐三尺法天地人再舉足步備陰陽」是步指長度合六尺畝為地積之專名不可視為度名則步百為畝之義有二其一百步平方為畝即三六〇・〇〇〇平方尺其二百平方步為畝。步者行也，小爾雅曰：「跬一舉足也倍跬謂之步」白

若以三六〇・〇〇〇平方尺為一畝則畝之單位太大一夫治百畝必不如是第二畝為地積專名，猶羃之義但羃用為普通面積之名地積則亦名積。（非前言之體積。）言「步百為畝」者猶言畝百步即積百步。一畝為一百方步，猶則「六尺為步」長度之步計六尺；「步百為畝」面積平方之步計三十六百步言羃百步，意同也。

方尺，畝之進位則爲一百方步又井方一里計三屋九夫九百畝一里見方，即一方里，合九百畝而一

里合三百步即千八百尺。

周秦漢之制，均以六尺爲步。史記「秦始皇紀數以六爲記六尺爲步」索隱曰「管子司馬法皆云「六尺爲步」非獨秦制故周秦漢而下均以六尺爲步」步亦名曰弓弓之名由來亦已久儀

禮鄉射禮「候道五十弓」疏「六尺爲步弓之古制六尺與步相應」蓋弓本爲發矢之器其長古

有定制正與再舉足步相當因步亦以弓爲名後世以弓本爲器又即以步弓爲計步之器。又，以尺爲度器之總名

步弓尺」。故亦名曰「

舊唐書食貨志「凡天下之田五尺爲步」五尺之步自唐下迄民初均已以爲定法。清會典：

「起度則五尺爲步三百六十步爲里；丈地則五尺爲弓二百四十弓爲畝」是清制別里步爲度之

名，專以弓爲畝制之名而弓與步之長度則相同也。

民國四年權度法廢弓之名現制步弓之名全廢，然民俗尚有存此觀念者。

周制一百方步爲畝，號曰小畝。商鞅佐秦孝公廢井田開阡陌更制二百四十方步爲畝是爲中

畝。

自秦制二百四十方步為一畝以後，經漢而下及清制，無有變更。舊唐書食貨志有二百四十步為

畝。寶儼曰「小畝步百周制也中畝二百四十漢制也大畝三百六十齊制也；此所謂齊制大畝，俗係言南北朝之世畝制增大，然

其時是否定大畝之制，則難考實。今所用者漢之中畝」自秦迄唐宋均以二百四十方步為一畝清戶部則例「每畝：

直測之為橫一步縱二百四十步方測之為橫十五步縱十六步」平方之則畝均為二百四十方步，

迄民四權度法不變。

「王制古者以周尺八尺為步今以周尺六尺四寸為步古者百畝當今東田百四十六畝三十

步」鄭注又謂：「當作百五十六畝二十五步」程子曰：「古者百畝當今之百畝當古之

二百五十畝；」張作楠謂「周尺當營造尺六寸四分周制步百為畝清制二百四十步為畝則周百

畝當清二十五畝六分」諸氏之說，一則其所據古今尺度之長短未可靠二則步數進位不可靠故

其所云比例之數均不可以為根據又其比例之數，係以算法推得者亦不可以為歷代畝制之準。

里、亦為歷代用作畝名之一。大戴禮記：「三百步為里」是弓即步，又為一證。度地論謂三百弓為一里，周以後六尺為

步，一里為一千八百尺，即一百八十丈。宋明算家謂里為三百六十步自唐以後即以五尺為步，一里

亦爲一千八百尺。清代命里爲度法之名亦爲一百八十丈是里之進位爲一百八十丈歷代殆無變

更。畝法名之里稱爲方里實始於清周制方里而井井九百畝故一方里爲九百畝自唐以後五尺爲

步一方里合五百四十畝至清始規定方里與畝之比數清數理精蘊載有方里積五百四十畝之明

文。

## 第二六表　中國歷代畝數命名表

步之下均以十退宋明清均然。

（甲）　畝法　　所以分別田地闊狹遠近之法。

遺制畝位以下古有角名以分畝爲四分一爲一角然實用則每以分釐毫絲忽之名移用於畝及方

也，」註「頃與畦同計半步。」漢書溝洫志有『漑田四千五百餘頃』之文此頃名之用漢承秦之

畝位以上，百進名頃始於秦。考頃之本義與畦同，一舉足也，禮祭儀有『君子頃步而弗敢忘孝

百畝爲頃頃。
畝橫一步，直二百四十步，爲一畝。每步止五尺。若以丈計，即
畝橫一丈，長六十丈。以尺計長橫，計積六千尺（即方尺）。

角　一畝分爲四角，每角六十步（即方步）。　分二十四步

（即方步）爲一分，十分爲一畝。　一分釐毫絲忽均十退。

## （乙） 步里法

里三百六十步爲一里，計一百八十丈，約人行一千步。 步方五尺（五尺見方）。（即二十五尺） 分五寸，一尺爲二分。 釐半寸，一寸爲二釐。 毫絲忽同

畝之分釐毫絲忽分是畝十分之一；步之分釐毫絲忽分是步十分之一

清末重定度量權衡制度不列步之分法，而於前言畝法各名之外又加方丈方尺之名。今習俗謂地「若干方」即仍清以方丈爲丈地之起度又簡稱曰「方」之遺制故今俗語亦謂一平方市丈爲地一方。

### 第二七表　清末地積命名表

方尺一百方。

方步五尺平方，即二十五方尺。

方丈四方。

分二十四方步。（即六萬。）

畝二百四十方步。（即十分。）

頃百畝。（即十畝。）

方里五百四十畝。

民四權度法地積法名只用頃、畝、分、釐、毫五位，畝上百進畝下十進現法仍之。（毫以下之命名，實際仍有用之者。）

惟標準制民四乙末列分毫二位亦爲適合西制原來進位之法也。

### 第二八表　地積命名歷史的表解

## 第五節　容量之命名

量制之興為最早，量法之名，亦最為複雜。

（一）爾雅：「籥二升二籥為豆，豆四升四豆曰區，四區曰釜二釜有半謂之庾。」

（二）左傳晏子曰：「齊舊四量，豆、區、釜、鍾四升曰豆，各自其四以登於釜釜十則鍾，陳氏三量，皆登一為鍾乃大矣。」陳氏登一謂其量由自四加一為進位卽陳氏三量加舊量四分之一五升為豆，五豆為區，五區為釜十釜為鍾。

（三）周禮：「桌氏為量量之以為鬴。」鬴與釜同量異名者。

（四）儀禮聘禮：「十斗曰斛十六斗曰籔十籔曰秉四秉曰筥十筥曰稯十稯曰秅。」禮記月令有角斗甬注：甬斛之異名也是甬為斛之異名。鄭玄註云：「古文籔今義逾也」集韻作䆘註云：「匜器受十六斗」正義：「庾逾籔其數同。」又註：「秉謂刈禾盈手之秉筥稯名若今萊陽之間刈稻聚把有名為筥者詩云：「彼有遺秉」又曰：「此有不斂」穧、稷秅本為禾稼計數之名」是秉、筥、稯、秅皆為禾

稼計數之名借為計量之名者。

（五）孔叢子：「一手之盛謂之溢，兩手謂之掬掬四謂之豆，豆四謂之區區四謂之釜，釜二有半謂之籔籔二有半謂之缶缶二謂之鍾鍾二謂之秉秉十六斛』掬一升與籥同但與爾雅所言籥之進位不同又鍾之進位，照推為釜之十二倍半亦與左傳「釜十則鍾」之進位不同又釜二有半謂之籔計籔為一百六十升而籔據聘禮為十六斗故斗之量十升於此又可證之

據此，可知周代量制名稱之複雜吾人研究應注意當時實用情形蓋有二義，一為計量之名，一為收稼之數二者恆有相輔為用之意。進法之法有二種一以二進一以五進。其一如缶二謂之鍾者以二進也四秉庾缶等均系借用之名。

升曰豆以二之二次冪進也：十六斗曰籔以二之四次冪進也。其二、如五升為豆者以五進也二釜有半謂之庾以五之二分一進也。

次則考其基本量及實用量之單位。周制均以人體為法，一手曰溢兩手曰掬蓋掬為當時之基本量，孔叢子謂「掬四謂之豆」與晏子云「四升為豆」相通掬即升也考升之本義登也進也兩

手之盛量之基本由是而登進，自其四進登於豆區釜自其十進，登於斗斛故升實爲當時容量之基

本單位。而匊卽掬爲手取之原義名之於量則曰升一匊卽爲一升。爾雅謂「匊二升」與此義不通。

又禮記月令「角斗甬。」斛卽而考工之量爲斛釜卽豆升升所以存基本量周時亦不見於實用孟子每

言食粟萬鍾則斗斛豆區釜鍾均爲實用之量而實際量之實用單位爲斗斛以斗斛之量爲實用單

位因名量器爲斗斛月令角斗甬斗角卽謂量器也至孟子言粟以鍾鍾乃量之大者言其多也考工

之量大者爲斛小者爲豆但斛與豆見於實用之處不多又豆之容量實近於今升之容量斛十六豆，

亦近於今斗之容量考工記有：『食一豆肉飲一豆酒中人之食也』此可證豆量近於今之升又豆

後世以之與斗通斗古俗作斟斟卽豆亦爲斗此可互通區介於豆與釜之間鍾量過大均不爲實用

之單位。

量法之名，至漢書律歷志始作有系統之命定，漢志稱五量謂龠、合、升、斗、斛，二龠爲合，由合至斛

均以十進蓋以升爲起量之基本斗斛爲實用之量名故漢志存升斗斛三名而漢志完備度量衡之

制均本於黃鍾黃鍾龠之所容卽爲一龠龠之量小故又合之爲合十合爲升因多龠合二名而量之

量名　升 → 斗〔十升〕 → 斛〔十斗〕

量名　升 → 豆〔四升〕 → 區〔四豆〕 → 釜（亦名鬴）〔四區〕 → 鍾〔十釜〕

稼名 → 庾（亦名籔匬）→ 缶〔二籔半〕→ 秉〔二缶〕〔二鍾〕 → 筥 → 稯〔四秉〕 → 秅〔十稯〕

說苑曰：『十龠爲一合，十合爲一升，十升爲一斗，十斗爲一斛』，則進龠爲合，與漢志不同，然龠之名只有其制，並不見于實用，以此爲一說可也。

基本單位及實用單位，則與周制同也。

### 第三○表　漢代五量表

龠黃鍾龠之所容　合二龠　升十合　斗十升　斛十斗

孫子算術『六粟爲一圭十圭爲抄十抄爲撮十撮爲勺十勺爲合』由是合以下之命名，增多四位，均以十退而完全十進之斛斗升合勺撮抄圭八位命名及粟之名，自漢而下歷代相承以爲法。

第三一表　漢以後歷代容量命名表

| | | |
|---|---|---|
| 粟即一粒之粟 | 圭六粟 | 抄十圭 |
| 撮十抄 | 勺十撮 | 合十勺 |
| 升十合 | 斗十升 | 斛十斗 |

石本為權衡名稱中鈞石之石,所謂一百二十斤者。歷代均以十斗稱為斛,但事實藉石為斛之

石者,頗多可考。如南史謝靈運曰:「天下才共一石,曹子建獨得八斗,我得一斗,自古及今共用一

斗」是十斗為石,其名在南北朝之世已然。又如史記有「飲一斗亦醉,一石亦醉」之語,漢書亦有

「涇水一石其泥數斗」之語,是以稱一斛為一石,漢已如此。邱濬曰呂祖謙作大事記始皇平六

國之初,書曰「一衡石丈尺」。而其解題則云「自商君為政平斗甬權衡丈尺」意其所書之石非

鈞石之石,後世以斛為石其始此。」蓋名斛為石始自秦度量衡之制,漢多承秦之法,故漢有斗石合

名者,然後世仍名曰斛,管子有「高田十石,間田五石,庸田三石」之文,然係計穀之重,今尚為然,此所謂石,不能即謂為斗石之石也。　實際用石之名始於宋,自

宋以後以十斗為一石,五斗為一斛,參見下第八章第六節。

# 第三二表　容量命名歷史的表解

清末重定度量權衡制度量制命名爲石斛斗升合勺六位，勺以下之名，算衡此石爲十斗斛爲五

斗，民四權度法仍之。民十八度量衡法廢斛之名，民四乙制勺位以下已列撮位石位以上更增秉

位均十進現標準制同以完全原制之命名及進位。

考量制之小數專有命名多至十餘位均不與度衡籍用小數之名混用。同度記曰：「考工籲，於

漢粟法少二升二合七勺一抄六撮空圭四粟九顆三粒八黍。」考晉書律歷志云：「鄭元以爲斛方

尺積千寸比九章粟米法少二升八十一分升之二十二」則其少數爲

$$2\frac{22}{81} = 2.271,604,938\ 升$$

與同度記比較其數及位相符。同度記又曰：「取考工籲，入於漢粟米法之籲，取所少之數分之，得三

合五勺四抄九撮三圭八粟二顆七粒一黍五稷六禾空穰一秕六爲一斗所少之數。」考考工籲容

六斗四升則一斗所少之數爲

$$\frac{2.271,604,938}{6.4} = 0.354,938,271,56\ 升餘數\ 16\ 即\ \frac{16}{64}$$

與同度記比較其數及位亦合。（一石所少升以下之小數，原係循環，同度記不用之，故算時未列入。）惟推至禾位以下，一六係餘數，則糠粃非可視爲禾位下之小數。然同度記再推一石所少之數其第十一位爲六稷其下仍云空禾一穧六粃，則穅粃仍視爲十退之小數位命名。又清末重定度量權衡制度之量法表亦謂「勺以下尚有撮十抄圭粟顆粒黍稷禾穅粃糒」之名與同度記同，而又多一糒位據此則量制之命名可列如下表：

### 第三三表　容量命名詳表

| 石十斗 | 斗十升 | 升十合 | 合十勺 | 勺十抄 | 抄十撮 | 撮十圭 | 圭十粟 | 粟十顆 | 顆十粒 |
|---|---|---|---|---|---|---|---|---|---|
| 粒十黍 | 黍十稷 | 稷十禾 | 禾十穅 | 穅十粃 | 粃糒 | | | | |

其進位法除圭位或十粟或六粟外完全係十進撮抄二位或顛倒，或否粟以下命名尚有八位。

### 第六節　重量之命名

權衡之名中銖、兩斤鈞石發生最早。夏書五子之歌有「關石和鈞」，禮記月令有「正鈞石」，

而考工之兩重一「鈞」是均爲鈞石名稱之可考者權法之名及進位，亦頗複雜。

（一）孔叢子：『二十四銖爲兩兩有半曰捷倍捷曰舉舉曰鋝鋝謂之鍰二鍰四兩謂之鍰，鍰十謂之衡衡有半謂之秤秤二謂之鈞鈞四謂之石石四謂之鼓』注勉爲斤之異名古有之今俗仍之。

（二）淮南子『十二粟而當一分，十二分而當一銖，十二銖而當半兩衡有左右因而倍之，故二十四銖爲一兩；天有四時以成一歲因而四之，四四十六故十六兩而爲一斤；三月而爲一時三十日爲一月，故三十斤爲一鈞；四時而爲一歲，故四鈞爲一石。』

（三）說苑『十粟重一圭，十圭重一銖，二十四銖重一兩，十六兩重一斤，三十斤重一鈞，四鈞重一石。』

（四）說文：『十黍爲絫，十絫爲銖，八銖爲錙，二十四銖爲兩，二十四兩爲鎰』注絫即古累字。

以上名稱中，錙及鍰之進位有種種異說，說文謂八銖爲錙，淮南子詮言注謂六兩爲錙，荀子富國篇注謂八兩曰錙，依孔叢子計鍰爲六兩，而古尚書謂百鍰當三斤，則鍰爲十一銖百分之五十二。

鄭玄等謂北方以二十兩爲三鋝,即鋭鋭爲六兩十六銖。吳大澂依說文解銲謂鋭爲十銖二十五分之十三。又古亦以錘爲權衡之名其進位說文謂八銖淮南子詮言注謂六兩爲錙倍錙爲錘是錘爲

十二兩通俗文又謂銖六則錘又吳大澂謂古權名之鈄爲二鋭然錙鋭錘鈄鎰諸衡名早已不見於

用觀其進位各說之不同可知不過最古虛有其名實無其位今約舉其說以見一斑。

以上各種衡名雖複雜然可歸納爲二點說明之。第一命權衡爲制之起原雖不同,而至銖、兩、斤、鈞、石之命名則同。第二命位亦不外二進五進二法而銖、兩、斤、鈞、石之進位亦均同,銖、兩、斤、鈞、石,卽漢志所謂之五權因漢志著五權之法而五權之進位不亂五權以外之權名進位未有定法矣。

第三四表　中國上古重量命名表

| 黍或名粟 | | | | | |
|---|---|---|---|---|---|
| 黍分、圭、 | 銖 | 兩二十四銖 | 捷一兩半 | 舉二捷 | 鋭(亦名鋝) |
| 斤(即十六兩)二鋭四兩 | 衡十斤 | 秤一衡半五斤 | 鈞二秤即三十斤 | 石四鈞 | 鼓四石 |
| | | 秤即十五斤 | 鈞即三十斤 | | 引二百斤 |

引爲重量之名可在各古算術書中見之。

五權之制,漢以後迄於唐,歷代相承以爲法。但銖以下之雜黍二名實際仍用之。

第三五表　漢至唐重量命名表

| 銖 | 兩二十四銖 | 斤十六兩 | 鈞三十斤 | 石四鈞 |
|---|---|---|---|---|

淮南子以十二分爲一銖。梁陶宏景別錄云：「分劑之法古與今異，古無分之名，今則以十黍爲一銖，六銖爲一分，四分成一兩。」唐蘇恭註曰：「六銖爲一分，即二錢半也。」於此可見錢字在唐時已用爲重量之名。考「錢」古稱爲泉，本爲幣制之名，古時只有銖錢，以若干銖之重爲名。唐鑄開元錢不名爲銖，而曰「一錢重二銖四絫，積十錢重一兩」，是以十錢爲一兩，以錢爲重量之名實自唐爲始。故唐蘇恭註分之重不誤，而分之進位猶尚未確定。蓋分絫毫絲忽，本用爲度名，〔分絫毫絲忽，實爲小數之名，〕最先借用者爲度制，故後人每視爲度名。淮南子陶宏景所謂之分與此義異。宋史律歷志取樂尺積黍之法，命名於權衡中，於是重量名稱中始有分絫毫絲忽五名。〔詳見下第八章第五節。〕分者十分錢之數，以下俱以十退而銖絫黍之名始廢。

第三六表　宋以後重量小數命名表

| 兩十錢 | 錢十分 | 分十絫 | 絫十毫 | 毫十絲 | 絲十忽 | 忽 |
|---|---|---|---|---|---|---|

又明李時珍註陶宏景別錄云：「蠶初吐絲曰忽十忽曰絲，十絲曰釐，四釐曰絫，十絫曰分，四絫曰字，二分半也，十絫曰銖，四分也四字曰錢，十分也六銖曰一份二錢半也，四份曰兩二十四銖也。」是李氏之說，兩銖絫錢分釐之進位雖同，又釋六銖曰份不與分亂然釐之下少一毫位又其餘命名，均係四進歷來未有用之今列一表於下以備參考。

第三七表　李時珍衡名進位關係表

忽（蠶初吐）
絲　十忽
釐　十絲
分　十釐
絫　四釐
字　四絫　即二分半
銖　十絫　即四分
錢　十分　即四字
份　六銖　即二錢半
兩　二十四銖　即四份

———→　表示直接關係

- - -→　表示間接關係

清初衡法兩以下亦曰錢、分、釐、毫、絲、忽,俱以十遞折,忽以下並與度法之借用小數名位同。

清末重定度量權衡制度,小數位止於毫斤以上不名,民四權度法仍之,而於乙制則至於絲,斤

以上亦有衡石鈞三位俱十進以合西制完全之進位。石為配合西制位數,不是拘于一百二十斤之進位。民四以後已有提議重

量「分」「釐」「毫」在科學工程上複單位得加偏旁為「份」「厘」「毛」。

民十八度量衡法小數則止於絲斤以上加一擔位。而於標準制與民四乙制同惟不用石字,而

名為擔考「擔」謂肩之負載,一人所負之重曰擔俗以一人負重約百斤,故通俗以衡百斤曰一擔,

而量一石亦曰一擔均自清初已有今確立為衡百斤進位之名又「鈞」之義古謂為矛戟柄之端

平底者曰鐓,今衆舉以築地之重物曰鐓,說文通訓定聲有『秦始皇造鐵鐓重不可勝』鐓言極重,

故解曰千斤椎,今以之命為公斤千進位之名。

# 第五章　第一時期中國度量衡

## 第一節　中國上古度量衡制度總考

中國度量衡制度，一本黃鍾律，早自黃帝命伶倫造律之時，下及三代，一本其制，及其爲器或增

損其量以合實用，至黃鍾律之標準則不變，詳見前第二章之考證，然上古之世可考者僅尺度之制，

除周禮考工之廧可以證周代之量制，另節說明外，其餘量衡實制已不可考，則不便妄加論斷。

律呂精義曰：『黃帝時雖出書，猶禹時雖書。』見沈約符瑞志，

管子曰：「凡將起五音先主一而三之，四開以合九九者八十一分開方得九分九分自乘得八十一分者，法雖書陽數也。虞夏之尺以黃鍾之長爲十寸者，

爲實三之爲三寸又四之爲十二寸開以合九九者八十一分開方得九分九分自乘得八十一分雖

黃鍾之長蓋黃帝之尺以黃鍾之長爲八十一分者法雖書陽數也。虞夏之尺以黃鍾之長爲十寸者，

陽，九乃陽數之成也。

雞書數九，自乘得八十一，是爲陽數。一，三，五，七，九奇數爲

雞書數九，自乘得八十一，是爲陽數。一，三，五，七，九奇數爲陽，九乃陽數之成也。

法河圖中數也。二，四，六，八，十偶數爲陰，十乃陰數之成也。

黃鍾之律長九寸縱黍爲分之九寸寸皆九分凡八十一分雞

書之奇自相乘之數，是謂律本。黃鍾之度長十寸，橫黍爲分之十寸，寸皆十分，凡百分，河圖之偶自相乘之數是爲度母縱黍之律橫黍之度名數雖異分劑實用」是黃帝造黃鍾律分爲八十一分以合陽數九自乘之數，本非爲度然度出於律故後世以黃帝之尺爲九寸凡八十一分。虞夏定度制本於黃鍾律長分爲百分以合成數十自乘之數至是爲以律定度之始總之爲律乃以九爲整分爲度則以十爲整分故黃帝之律爲律本合於九；虞夏之度爲度母合於十。而度母一本律本爲標準根本正同。殷周二代之度仍以律本爲標準而增損以定其尺之長度故殷尺之長爲黃鍾律本四分之五，周尺之長爲黃鍾律本五分之四；而其爲尺度則均以十爲整分也。

夏商周三代尺度一本相承故其間有一定比例之關係。據歷來籍載均稱「夏以十寸爲尺，商以十二寸爲尺，周以八寸爲尺」惟推演之說有二異。一、以三代之尺比數猶之十寸十二寸八寸之比此說者卽以三代相遞法度相承，夏之尺本爲十寸，商以其短，加夏尺之二寸爲尺；周以其長減二寸爲尺。而爲尺度則仍以十整分此歷來儒家通論。一、以三代之尺，由黃鍾定其長短，夏以黃鍾之長爲十寸卽以爲尺，故曰十寸爲尺；商以黃鍾之長爲八寸外加二寸以爲尺，故曰十二寸爲尺；周以

黃鐘之長爲十寸，而減去二寸以爲尺，故曰八寸爲尺，此卽律呂精義之論二說所不同者，僅商代尺之比數然各有根據，而未可偏廢。

漢蔡邕曰：『夏十寸爲尺，殷九寸爲尺，周八寸爲尺。』蔡氏之說與前所異者，亦爲商尺之比數不同，歷來論爲蔡氏之獨斷，然蔡氏去上古之世不遠其說亦係以商周承夏法度之意與第一說理由正同或亦有其根據。

或者曰：『夏以十寸爲尺，商以十二寸爲尺，周以八寸爲尺』者，尺寸不同寸分均何者？夏之尺有十寸，商之尺有十二寸，周之尺有八寸其全長命之爲尺其寸及分之分度大小則無異三才圖會尺圖考有云：『十寸之尺爲一百分八寸之尺爲八十分』或者又曰：『英以十二吋爲呎，殆爲我國古代商殷尺制流傳於西域者』是均爲此說之旁證然考古者八寸曰咫不名爲尺所謂咫者尺之八寸，所謂八寸尺者此尺爲他尺之八寸。淮南子曰：『律以當辰音以當日之數十故十寸而爲尺。』又古者言尺識也是尺之所以名爲尺者十寸卽爲度以十整分應爲通例八寸或十二寸，則變例也。按最近歐美數理與科學家，及權度學者，擬改十進之數爲十二進位或八進位，以代營十進位，認爲更合於文明之需要，而度量衡亦然，姑備一說，以供研究。

據以上引說夏商周三代尺度之比數，列表如次：

第三九表　三代尺度變遷考異表解

三代尺度變遷考異——

夏　　　商　　　周

一〇〇……一二〇……八〇——尺各有十寸，即有百分。——歷來之論

一〇〇……一二〇……八〇——寸有十分分之數如尺長之比數。——或者之論

一〇〇……一二五……八〇——尺各有十寸，即有百分。——律呂精義之論

一〇〇……九〇……八〇——尺各有十寸，即有百分——蔡邕之論

第四〇表　木工尺度變遷考異表解

木工尺度變遷考異——

魯班以前　魯班以後

一〇〇……一二〇——歷來之論

一〇〇……一二五——朱氏之論

在上古之世，所傳尺度之標準，足為後世法者為木工之尺，木工尺之度，最初為夏制，後至魯班改以商制，因『商以十二寸為尺』有二說，則木工尺變遷後之度，亦有二異。

韓苑洛所謂『尺二之軌，』即為歷來儒者之論。然考木工尺度，自魯班一變之後，相沿無改，已

為歷來論者所共認今俗間用魯班尺最標準者，均約合九市寸三四分之數以|朱氏之論則合以歷

來通論則稍短。以一二〇之比數計之，應合二九、八六公分，即合〇、八九五八市尺。　於此又可證商尺之比數以|朱氏之論為是。

## 第二節　五帝時代之度量衡設施

五帝之世，|黃帝始制度量衡，設置五量之器以利民用；|少昊氏設正度量之官以平民爭；|虞舜更

每歲巡狩以同度量衡以立民信此五帝世度量衡設施之總綱。

|家語|五帝德篇曰：『|黃帝治五氣設五量』註五量謂權衡斗斛尺丈里步十百，是卽衡、量、度、畝、

數為五量。五量設置五量之器，所以利民之用。

|世本：『|少昊氏同度量，調律品』|通鑑曰：『|少昊之立也，鳳鳥適至，因以鳥紀官，……五雉為九

工正，利器用，正度量，夷民者也。』註夷、平也|正義曰：『雉聲近夷，雉訓夷，夷為平，故以雉名工正之官，

使其利民之器用，正丈尺之度斗斛之量，所以平均下民也』|樊光服虔云：『雉者夷也夷平也，使

度量器用平也。』籍只稱度量蓋言度量用器實已盡括五量在內，非單指丈尺斗斛是故至|少昊氏

之世，必有因度量之事而爭執者設官以正之官名工正，是爲正製造度量用器之工，卽今檢定之制，所以正器之量平民之爭。

《虞書舜典》曰：『歲二月東巡守，至于岱宗柴望秩于山川肆覲東后協時月正日同律度量衡』

邱濬《大學衍義補》曰：『用之于郊廟朝廷之上而又頒之于下使天下之人用之以爲造作出納交易之則其作于上也有常制其頒于下也有定法。苟下之所用者與上之所頒者不同則下虧于民上損于官操執者有增損之弊交易者有欺詐之害監守出納者有侵尅賠補之患其所關係蓋亦不小也。是雖唐虞之世民淳俗厚帝王爲治尙不之遺每正歲申明舊制重以巡查』是至虞舜之世不特於製造器具之時正其器量並且每歲定期巡查以同之量卽今檢查之制所以齊遠近立民之信。

度量衡用以邀信齊物國家設以制則民不欺資之官而後天下同更兼以巡查所以齊遠近立民信也。考一制之與一法之立必先定以制度次正其器用更時而較驗今推行劃一度量衡之法亦依此三步驟卽先考定制度次檢定器具更每年定期檢查而後法嚴制密中國在上古五帝之世法制初與而其所以爲同度量衡之法亦爲至矣。

## 第三節　三代度量衡之設施及廢弛

三代法度，一遵古制其間無甚遞禪。日知錄云：「古帝王之於權量，其於天下，則五歲巡狩而一正之，其於國中則每歲而再正之。」此即言上古時代帝王之治所以爲度量衡法制大概所謂五歲一正者指諸侯國之標準器五年一校正之；所謂每歲再正者指諸侯國中普通用器每年校正二次也。

三代之世，爲度量衡之設施，較五帝之世更可考者爲標準原器之保存及標準器之頒發於諸侯之國蓋定之以制尚須齊之以器器而有標準，而後所謂檢定檢查始有所依準。

夏之度量衡原器存於王府，夏書五子之歌曰：『明明我祖萬邦之君有典有則貽厥子孫關石和鈞，王府則有。』注曰：「關通和平也關通以見彼此通同無折閱之意和平以見人情兩平無乖爭之意。禹以明德君臨天下，典則法度所以貽後世子孫者其以鈞石之設所以一天下之輕重而立民信者。」鈞石皆權之名，其不言度量者度量之原器在其內也且「法度之制始於權權與物鈞而生

衡，衡運生規，規圓生矩，矩方生繩，繩直生準，是權衡者又法度之所自出，故以鈞石言之」有原器則

檢定檢查乃有準，夏代關於檢查之施行可見於越絕書言「大禹循守會稽乃審銓衡平斗斛」銓

即謂權是夏禹施行檢查之制即承虞舜之法也。

殷之世史之記載關大略乃法夏禹之舊制後人之論，每曰殷因於夏，如論語謂「殷因於夏禮」

度量衡之制每寓於禮樂之中故殷代度量衡之法大約亦因襲夏制也。

周之世同度量衡之舉法益密行益嚴。禮記明堂位：「周公六年<sub>成王六</sub>年。（民國前三○二一）

朝諸侯明堂位制禮作樂頒度量而天下大服。」禮記祇言度量實即度量衡均在內此所頒度量衡，

當係指頒發諸侯國之標準器者至於民用之器則立法度以示民信大傳曰：「聖人南面而聽天下，

立權度量」是也。

周制朝廷掌理度量衡事務之官有三周禮「內宰，凡建國佐后，立市陳其貨賄出其度量大行

人，王之所以撫邦國諸侯者十有一歲同度量同數器合方氏掌達天下之道路同其數器壹其度

量。」內宰掌治王內之政令爲宮中官之長故發出度量衡標準器其官職在內宰大行人掌治安撫

邦國諸侯之事務,故較正諸侯國標準器,其官職在大行人;合方氏掌治天下道路民間之事務,故同

一普通用器其官職在合方氏。而大行人所掌理者卽公用度量衡之類;合方氏所掌理者卽民用度

量衡之類是三官均在中央屬朝廷之官。而實際辦理地方度量衡事務之官爲司市,司市爲市官之

長,故曰『出之以內宰掌之以司市一之以合方氏同之以行人。』執行之官爲質人,質人平也,疏:『會

聚買賣質人主爲平定之,則有常估』故質人『巡而考之犯禁者舉而罰之,市中成賈,必以量度。』

而『守護市門之肯,(周禮:庶人在官者。)亦執鞭度以巡於所治之前』是周代同一度量衡之制頗合於現

全國檢定機關之執行檢定及隨時檢查之制,而大行人合方氏者,其權與現制全國度量衡局相當;

司市亦卽各省市縣辦理地方度量衡者質人者卽今日之檢定員。

度量衡標準器頒發後十有一年一校正之,卽如現制每屆十年檢定各省市副原器,每屆五年

檢定各縣市標準器之制。至於普通民用之器則每年定期檢查二次。禮記月令:『仲春之月,日夜分,

則同度量鈞衡石角斗甬正權槩仲秋之月,日夜分則同度量平權衡正鈞石角斗甬』由是可知周

代定期檢查每年在春分及秋分之時舉行二次,此所謂每年檢查二次,乃校正度量衡之器量。至前

言市中巡考者，乃監視為偽作弊者，是為隨時檢查之屬，非必在正其器量也。

三代之世注重於度量衡法度之密，執行之嚴，可謂至矣。所謂「諸侯之國道路之間，莫不有焉。天子時巡之歲，則自同一侯國之制；非時巡之歲，則設官以一市井道路之制，是其一器之設一物之用，莫不合於王度，而無有異同，此天下所以一統也。」

顧日久則懈政事失修，朝廷政令每不及諸侯之邦，為官者亦不如前執行之嚴，既失之檢查，則玩忽以生日更月替此度量衡紊亂所以由生，左傳晏子曰：「齊舊四量豆區釜鍾陳氏三量，指豆區釜。皆登一焉鍾乃大矣。以家量貸，而以公量收之，其愛之如父母，而歸之如流水，欲無獲民將焉辟之」登一者，謂加舊量之一。陳氏之所以竊民譽蓋亦緣當時國政廢弛，而敢公然增益舊量也。孔子述武王之治曰：「謹權量，四方之政行焉。」當時度量衡之紊亂，至此已極，非復初周一統之制，而有劃一之切要矣。莊子胠篋篇曰：「剖斗折衡，而民不爭。」於此亦可證當時度量衡實在紊亂不統一不足以息民爭，故莊周激而發斯言三代統一之制，至此紊亂不可收拾深為可歎。

## 第四節　上古度量衡器之制作

黃帝命伶倫取竹造律以定黃鍾，由是生度量衡，是黃鍾律之製造無異爲度量衡之原器。此古黃鍾律計長爲一尺，卽八十一分計積爲漢尺八百一十立方分律長爲漢尺九十分，

$$90^3 : 81^3 = 810 : x$$

$$\therefore x = 9^5 \times 10^{-2} = 590.49$$

是黃帝造黃鍾律原器之制表之如左。

### 第四一表　古黃鍾管原器表解

| 古黃鍾律原器 | 長度－一尺……九寸……八一分－二四、八八公分 |
|---|---|
| | 容積－五九〇、四九立方分－一七、二立方公分 |

依此度數，可作一古黃鍾原器內容之圖形如第七圖。

第七圖　古黃鍾律管內容形式圖

夏禹鈞石二衡原器存之王府但實制不可考。

三代度量衡器之制作可考者惟周禮考工之量制蓋因古器之制多失於傳而周禮特注明量制者是又因中國以農立國度量大宗農產物均須以量器計之而古者民之納稅上之制祿亦以量之數計之為量必有標準故存之以制實之以器而後量有所準交易稅祿始不為量困也。

周禮考工記曰『㮚氏為量改煎金錫則不耗不耗然後權之權之然後準之準之然後量之量之以為鬴深尺內方尺而圜其外其實一鬴其臀一寸其實一豆其耳三寸其實一升重一鈞其聲中黃鐘之宮槩而不稅其銘曰：「時文思索允臻其極嘉量既成以觀四國永啓厥後茲器維則」』㮚氏即㮚字。王昭禹曰『㮚之為果有堅㮚難渝之意先王之為量使四方觀之以為則萬世守之以為法。以立天下之信而無敢渝焉所以名官謂之㮚氏。』鄭鍔曰『量所以量多寡摩於物者其斂必易故

徑三分〇五毫弱

積五九〇·四九立方分（七二立方公分）

長八一分（二四·八八公分）

必改煎金錫以爲之，使之縝密而堅實，然後塵而不磷，堅而不耗，改煎者煎而又煎則消融者去已盡

矣，其所留者皆其精而不能減耗者矣。」按此即今提鍊金屬之法。其對於鑄金之色下文曰：「凡鑄

金之狀金與錫黑濁之氣竭黃白次之；黃白之氣竭青白次之；青白之氣竭青氣次之；然後可鑄也。」

故當時對於鑄造融量提鍊金屬之法觀其火色有如此之嚴。既經精鍊之後復權其鍊金比重之輕

重準其鍊金成份之多少然後量其需用之分量以入模鑄之。毛氏曰「將煎金錫固當稱之。而不能

無消耗既煎矣又從而稱之」。鄭鍔曰「準是準其金錫六分金一分錫準其多少也。準平也。知其輕

重又欲平其多寡量乃量其多寡以納於模範之中。」如是始鑄成器其對於製工之精爲量之準於

此可見再觀其銘文之義則此嘉量之鑄實爲四方之則萬世之法者是乃爲周代之標準原器惜此

器不存不能作實驗之考證。

　　周禮嘉量原制可從二點研究：一可知周代容量之制二嘉量內容形式。

　　嘉量皆深尺內方尺而圜其外何以云「內方尺而圜其外」？蓋其內本圓形而在當時圓徑圓

周圓面積計算之率尚未有精確推算之法故以方起度而推算之。所謂「內方尺」者非謂其內爲

方形，實則先定每邊一尺正方之形，「方尺」，即一尺見方，（見上第四章第三節說明。）參

外接圓方為嘉量內容之形式，如第八圖：

然後由此正方形，再劃一個外接圓，此

第八圖　周禮嘉量方尺而其圓在外圖

（縮尺五分之一）

由此圖可求圓面積嘉量䚷深一尺，則嘉量䚷之容積，亦可求之。

方邊＝1尺

圓徑＝$\sqrt{1^2+1^2}=\sqrt{2}=1.414,213,6$尺

$$圓面積 = (7.071,068)^2 \times \pi = 157.08 \text{ 方寸}$$

$$嘉量觚之容積 = 157.08 \times 10 = 1,570.8 \text{ 立方寸}$$

$$= 1,570.8 \times (1.991)^3 = 12,397.515,9 \text{ 立方公分}$$

$$= 1.239,751,59 \text{ 市斗}$$

是爲嘉量觚之制，合一五七〇·八立方寸實合市用制一斗二升三合九勺八撮弱。

周禮嘉量除觚量外尙有豆升二量均祇言其深不言圓面之制，豆爲觚十六分之一升爲觚六十四分之一，觚爲嘉量之主故詳言其制豆升二量係附製觚量之制存豆升之量不言可喩。惟依嘉量全形而言觚爲主故居上爲嘉量之正身，豆在觚之臀爲嘉量之足，但豆深一寸爲觚深十分之一豆量爲觚量十六分之一，故豆之寬較觚爲小；升在觚之旁爲嘉量之耳其數有二升深三寸其寬更小，故只爲耳。嘉量全形以內容圖之當如第九圖。

（一之二尺龠）圖式形諸內量嘉禮兩　圖九第

徑盤四分一寸四尺一徑故外其圓為尺方

徑盤八分一寸一尺一徑故之分六十臺桶為量五

（見去桶相兩）

## 第五節　第一時期度量衡之推證

周代以前，史籍渺茫，其於度量衡亦然，說者類多揣摩之詞，旣不可妄加考證，而籍載亦不多。周代度量衡之說有須考正者如次。

### 一　周尺長度之推證

考經傳中每有「布手知尺」一尺二寸爲武六尺爲步人長一丈馬高八尺」等類此之紀載，此皆指周代之尺度而言。今考定周尺之長度合一九‧九一公分計其長度如下。

（一）一手之長約爲一九‧九一公分卽約爲六市寸長考古人平均較今人爲高大今人平均

一手之長約爲五市寸此周尺長度之證一。此指男人之手，婦人之手長十分之八。即約爲男人手長十分之八。

（二）古人謂丈者丈夫男人之長約一丈故曰丈夫今以考定周尺之長計之人長一丈約爲一九九‧一公分卽約爲六市尺今人之長每日五尺古人長於今人此周尺長度之證二。

（三）一尺二寸爲武此古人一步武之長約爲二三‧八九公分卽約爲七市寸足長於手約一

寸，古今同然此周尺長度之證三。

（四）一舉足曰跬再舉足步一步六尺，乃人行二跨之長度，一跨半步之長，爲三尺，約爲五・
七三公分即約爲一市尺八寸。考習慣以人行約一千步爲一里實際並無大誤而習俗之舊里度，約
大於市里一千步指一跨之步，則今人一跨半步之長，約爲一市尺五寸上下，古人長於今人跨步亦
大，此周尺長度之證四。

周尺長度以此類動物身體之度驗之，亦爲一至善之法今略舉以人體爲法四證如上，則周代
人體之度與今人比均約爲六比五。其餘如八尺曰尋馬高八尺等類之語亦可同法推證之茲不再
舉。

## 二　璧羨度尺之正度

周禮考工記『典瑞璧羨以起度，玉人璧羨度尺好三寸以爲度。』好三寸，兩肉各三寸，共九寸，
是爲璧羨而益一寸共十寸是爲正度即周代尺度之制此璧亦可視爲周代度制原器。惟歷來論者
均將「璧羨起度」解爲『八寸爲尺十寸亦爲尺』茲擇一二者之言以爲代表之論。律呂新書曰：

上編　第五章　第一時期中國度量衡

『此璧本圓徑九寸好三寸肉六寸而裁其兩旁各半寸以益上下，所以為璧；裁其兩旁以

益上下，所以為義衺十寸廣八寸所以為度尺。」李嘉會曰：『注以義者不員之貌本徑九寸傍減一

寸以益上下，故高一寸橫徑八寸璧員九寸好三寸肉倍之義而長之，而十寸而旁減為八寸十寸尺

也八寸亦尺也』觀此論所謂十寸之尺，即璧義度尺之正度，至謂八寸為尺者，蓋因璧本圓徑九寸，

義而為橢圓長徑十寸為尺。短徑八寸亦為尺。但璧本圓是否又為之義而成橢圓此一疑問考「八

寸為尺」一語之來源蓋以三代尺度之比「周以八寸為尺」然周以「八寸為尺」指周以夏尺

之八寸為尺，即周尺之長為夏尺之八寸若以周「八寸為尺十寸為尺」則既非所以為「璧義起

度」之本意且即以所謂義者指將璧義為橢圓而好仍為正圓周禮言「璧義度尺好三寸以為度

是「好」以璧義度尺十寸度之為三寸前人之論又以八寸之尺為周尺周不廢周制故

周又以十寸為尺若是則「好三寸」反以夏尺十寸之寸為度然則周制璧

義度尺以夏尺度好為三寸，由是以起度非為周尺起度之正意又至謂「八寸之尺」一尺分為八

寸，此尺一寸之長與十寸為尺之一寸相等則更非是已言於前總之，周璧義度尺以璧徑為九寸，加

一寸爲尺，非八寸亦爲尺也。

三　嘉量斛之正制

先儒考周禮嘉量斛約有二說。第一說、以「內方尺」爲斷語，其言曰：『斛深尺，內方尺，積千寸，內方而外圓圈其外者爲之唇』此說之誤誤在斷「圓其外」爲指外形圓而內形方。鄭玄王昭禹等氏之說如此。後人已論其非考斛內形圓其所以言「方尺而圓其外」者實以當時圓周率不定求圓面積法亦不定恐後人易滋誤會故以一尺見方起度而後於方形外接一圓方形之度既定外接圓亦定。「方尺而圓其外」一語之上尚有一「內」字卽指其內爲「方尺而圓其外」之形式。今計之徑當爲一尺四寸一分四釐強再觀新莽嘉量亦云「內方尺而圓其外」今以新莽嘉量原器考之內形圓而起度實由正方一尺之形外接以圓者見下第六章第六節第二說以周禮嘉量斛，與漢志嘉量斛爲同法其言曰：『漢斛容十斗計一千六百二十寸蓋「方尺圓其外庣其旁」故冪百六十二寸深尺積一千六百二十寸。周斛容六斗四升計一千三十六寸八分今考周家八寸十寸皆爲尺，方尺者八寸之尺深尺者十寸之尺「方八寸圓其外庣其旁」則冪一百三寸六分八釐深

一三三

十寸，則積一千三十六寸八分。是周鬴與漢斛同法。此說之誤有二：其一、誤以周代八寸十寸皆爲尺；其二、因誤以周八寸爲尺，而誤以周鬴與漢斛同法。范景仁蔡元定等氏之說如此。考周鬴之制，未言庶係以「整方一尺圓其外」爲度，漢斛之制以整方一尺之外尚須加「厖」若干以爲度，此二者根本不同其誤以二者同法關鍵在周鬴容六斗四升，漢斛容十斗，漢制方尺十寸爲尺，若以周八寸爲尺平方之爲六十四恰符二者容斗數之比因是以致誤謂二者同法。考周漢容量之制根本不同。何從來而謂「方尺者八寸之尺深尺者十寸之尺」同一之制同一之器本同謂一尺，如何而爲之分爲二種度數即假以是爲二種尺度，而周禮言嘉量之制作，如是愼重何獨於根本尺度之分，則不言耶?其因周鬴漢斛容斗數之比合於八寸與十寸各自平方之比即謂二者同法誤之實至甚。范蔡等氏之謂周鬴容積爲一千〇三十六立方寸又十分之八即由漢斛容積一千六百二十立方寸，百分之六十四計得者也其外對於周嘉量之耳量尚有一錯誤之說即誤謂「周禮嘉量「其實一升」言其左耳至於右耳其實一合」此說之誤亦誤以周鬴與漢斛同法。周禮並未明言「右耳爲合」考周之量制起於升合之用於量名周時猶未著。且漢斛右耳之量有二上爲合，下爲侖既以二

者同法，又為何謂周鬴之右耳衹言合？此實屬矛盾。又周鬴之臀為一豆，豆為鬴十六分之一，其深一寸，其面徑則小於鬴；漢制上斛下斗面徑相同，此又二者不同之證。再近人以周禮或出於漢劉歆之偽作，此說尚待證。今即假設此說為實，而周鬴有豆量，漢斛有斗量，二者進位不同，豆量之名，漢已不用，則劉氏之偽作或本於周制且並未以周漢嘉量同法。故認周鬴與漢斛同法者根本實有不當。

## 四　荀勗造尺之考證

晉書律歷志：『武帝泰始九年中書監荀勗校大樂八音不和始知後漢至魏尺長於古四分有餘。勗乃部著作郎劉恭依周禮制尺所謂古尺。』隋書律歷志將周尺與晉荀勗尺並列為第一等尺，即晉書所云『荀勗造尺自稱為周尺』考荀勗所謂後漢至魏尺者，魏杜夔尺古尺者，新莽尺長於古四分有餘實係由於魏杜夔尺長於新莽尺四分有餘後漢至魏尺者，魏杜夔尺古尺者，新莽尺。故隋志又稱第五等尺曰『魏尺，杜夔所用調律卽荀勗所云「杜夔尺長於今尺<small>今尺卽謂荀勗尺，因荀勗尺等於新莽尺，故謂長於今尺云。</small>四分半」是也。』再考新莽一代制作大與故其傳於後者極夥。而王莽好古廢漢制依周禮，而所謂依周禮者又非周禮之正制，既變漢制亦非周制後人之誤卽在於此。故荀勗造尺依周禮，而其所用校驗之器卽新莽之制作。

荀勖自銘其器曰：『中書考古器，揆校今尺長四分半，所校古法有七品：……五曰銅斛，六曰古錢。

……銅斛者，新莽嘉量古錢者，新莽貨泉，故荀勖依周禮制尺，所謂周尺，既爲荀勖所造，而其所揆校

者又爲新莽制作之物。新莽之制作，本非確合周禮之制，是荀勖古周尺，實非周尺，亦非周制極爲明

顯。參見下第七章第八節之二）晉志又謂：『汲郡盜發六國時魏襄王（民國前二二四五——二二

三〇）冢得古周時玉律及鍾磬與新律所造之律。荀勖依其尺，聲韻闇同。』考周初尺度，春秋以後早已失其制，

孔子發「謹權量」之語即爲明證。朱載堉曰：『魏自文侯（民國前二三三五——二二九七）已

耽鄭衞而厭古樂降至襄王其時世又可知。』魏襄王當戰國之中世，其時之制爲晚周紊亂遺物，必

無可疑此種尺度或爲晚周之度，如認爲周初原制則不可。晉書下又謂：『於時郡國或得漢時故鍾

吹律命之皆應。』故荀勖尺合晚周以後之制也。

五　吳大澂實驗周尺之考證

吳氏實驗周尺之度有三一曰周鎮圭尺，二曰周黃鍾律琯尺，三曰周劍尺，其一、鎮圭尺，即璧羨

度尺，因吳氏以周鎮圭爲實驗之主，故以爲名此已見前，不再論其二、黃鍾律琯尺，吳氏得古玉律琯，

以為是周制，其根本之誤，已見前第二章第四節，而吳氏以古黃鍾律侖容黍一千二百粒古之律辰，

均以十二紀數因以十二寸為尺考累黍容黍之法，漢志言其說，漢以前未聞之，千二

百黍，乃漢時容黍巧合之數以是作為周尺十二寸此又吳氏之誤。是吳氏所得之玉管上無銘題不

可卽認為周代之物以之定尺，非卽周尺。其三周劍尺，吳氏亦書作鐵尺係以其所藏古劍董身二長

度，與周禮考工記桃氏中制合而命之為周鐵尺其一尺之長較周璧羡度尺九寸六分強今此差數

近四分自不算小卽以其製為周制其所差之度只可認為製造不精之所致不可以周劍之度定為

周尺之另一長度。總之璧羡度尺乃為周尺之正度其餘制作命為其尺度校驗之用可也。

　　六　洛陽周墓出土周尺之考證

　　民國二十一年洛陽金村周墓中掘發銅尺一，為美人福開森購得，已贈與金陵大學保存。福氏撰得周尺記，

文中云「當時考釋者有認為周靈王時，有認為周安王時，是則此尺之為春秋或戰國時物可無疑

也。亟馳書購得其形如西域所出之木簡一端有孔可以系組分寸刻於其側惟第一寸有分其餘九

寸無之當五寸之處並刻交午線。余以馬衡君所作劉歆銅斛尺卽新莽尺，晉前尺同。校之全尺長短不差累黍，

上編　第五章　第一時期中國度量衡

一三七

兩端之寸亦相符合惟中間八寸長短不齊，刻分之寸且作十一分是其作尺之時，對於全尺長度及兩端起首之寸必依標準為之其餘則隨意刻畫者也」觀此即以此尺為周靈王（民國前二四八二一二四五六）時物亦遠在西周以後周代文化至春秋時已大進步春秋時物，自非初周故制。

又此尺亦與新莽尺度相合正與晉志所謂『汲冢中古周鍾律與新律聲韻闇同』之意相同。今此尺除首尾二寸度相符外中間八寸之度長短不齊當初所殖度量標準器時是否如此亦屬疑問。而寸分為十一分於歷來分度之法尚無考據總之，東周以後之尺度已非西周定制而此尺與新莽尺度相近或為偶然之事。

# 第六章　第二時期中國度量衡

## 第一節　漢書律歷志之言度量衡

中國度量衡制度完備著於書者自漢始。漢書律歷志所載審度、嘉量、衡權三篇，雖祇爲漢朝一

代度量衡之制然其影響於後世者則極大蓋自漢以後歷朝及多數學者均認漢志之說度量衡爲

中國度量衡完全之制度其誤雖大而其爲中國歷代度量衡最先備其制者創規之功實爲不小茲

將漢書律歷志關於度量衡一段文照錄於下以備參考。

虞書曰：『乃同律度量衡』所以齊遠近立民信也。自伏羲畫八卦由數起，至黃帝堯舜而大備，

三代稽古法度章焉周衰官失孔子陳後王之法曰：『謹權量審法度修廢官舉逸民四方之政行

矣。』漢與北平侯張蒼首律歷事孝武帝時樂官考正至元始中王莽秉政欲耀名譽徵天下通知鍾

律者百餘人使羲和劉歆等典領條奏言之最詳故删其僞辭取正義著於篇：一曰備數二曰和聲三

曰審度，四曰嘉量，五曰衡權。參五以變錯綜其數，稽之於古今，效之於氣物，和之於心耳考之於經傳，咸得其實靡不協同。

度者，分寸尺丈引也，所以度長短也。本起黃鍾之長以子穀秬黍中者一黍之廣度之，九十分黃鍾之長一爲一分，十分爲寸，十寸爲尺，十尺爲丈，十丈爲引而五度審矣。其法用銅高一寸廣二寸長一丈，而分寸尺丈存焉；用竹爲引高一分廣六分長十丈。其方法矩高廣之數陰陽之象也。分者，自三微而成著可分別也。寸者，忖也。尺者，蒦也。丈者，張也。引者，信也。夫度者，別於分忖於寸蒦於尺張於丈信於引者信天下也。職在內官廷尉掌之。量者，龠合升斗斛也，所以量多少也。本起黃鍾之龠用度數審其容以子穀秬黍中者千有二百實其龠以井水準其槩合龠爲合十合爲升十升爲斗十斗爲斛而五量嘉矣。其法用銅方尺而圜其外旁有庣焉。其上爲斛其下爲斗左耳爲升右耳爲合龠其狀似爵以縻爵祿上三下二參天兩地圜而函方左一右二陰陽之象也。其圓象規其重二鈞備氣物之數合萬有一千五百二十。孟康曰：『三十斤爲鈞，鈞萬一千五百二十銖』聲中黃鍾始於黃鍾而反覆焉君制器之象也。龠者、黃鍾律之實也躍微動氣而生物也合者合龠之量也升者登合之量也斗者聚升之量也斛者角斗

平多少之量也。夫量者、躍於侖、合於合、登於升、聚於斗、角於斛也。職在太倉、大司農掌之。衡權者、衡平也。權重也。衡所以任權而均物平輕重也。其道如底以見準之正、繩之直、左旋見規、右折見矩、其在天也、佐助旋璣斗酌建指以齊七政、故曰玉衡。論語云:「立則見其參于前也、在輿則見其倚於衡也」。又曰:「齊之以禮」。此衡在前居南方之義也。權者、銖、兩、斤、鈞、石也、所以稱物平施知輕重也。本起黃鍾之重。一侖容千二百黍、重十二銖、兩之爲兩。二十四銖爲兩。十六兩爲斤。三十斤爲鈞。四鈞爲石。忖爲十有八變之象也。五權之制、以義立之、以物鈞之、其餘小大之差、以輕重爲宜。圜而環之、令之肉倍好者、周旋無端、終而復始、無窮已也。銖者、物繇忽微始、至於成著、可殊異也。兩者、兩黃鍾律之重也。二十四銖而成兩者、二十四氣之象也。斤者、明也。三百八十四銖、易二篇之爻陰陽變動之象也。十六兩成斤者、四時乘四方之象也。鈞者、均也。陽旋其氣、陰化其物、皆得其成就平均也。權與物均重、萬一千五百二十銖、富萬物之象也。四百八十兩者、六旬行八節之象也。三十斤成鈞者、一月之象也。石者、大也。權之大者也。始於銖、兩於兩、明於斤、均於鈞、終於石、物終石大也。四鈞爲石者、四時之象也。重百二十斤、十二月之象也。終於十二辰而復於子、黃鍾之象也。千九百二十兩者、陰陽之數也。三百

八十四爻五行之象也。四萬六千八十銖者，萬一千五百二十物歷四時之象也。而歲功成就，五權謹

矣。權與物鈞而生衡，衡生規，規圓生矩，矩方生繩，繩直生準，準正則平衡，而鈞權矣。是爲五則。規者、

所以規圜器械令得其類也。矩者、所以矩方器械令不失其形也。規矩相須，陰陽位序，圜方乃成準者、

所以揆平取正也。繩者、上下端直，經緯四通也。準繩連體，衡權合德，百工繇焉，以定法式輔弼執玉，以

翼天子。詩云：『尹氏太師，秉國之鈞，四方是維，天子是毗，俾民不迷』咸有五象其義一也。以陰陽言

之：太陰者，北方北伏也，陽氣伏於下，於時爲冬，冬終也，物終藏乃可稱水潤下，知者謀，謀者重，故爲權

也；太陽者，南方南任也，陽氣任養物於時爲夏，夏假也，物假大乃宣平火炎上禮者齊，齊者平，故爲衡

也；少陰者，西方西遷也，陰氣遷落物，於是爲秋，秋𤸪也，物𤸪斂乃成熟金從革改更也，義者成，成者方，

故爲矩也；少陽者，東方東動也，陽氣動物於時爲春，春蠢也，物蠢生乃動運木曲直仁者生，生者圜，故

爲規也；中央者，陰陽之內，四六之中，經緯通達，乃能端直於時爲四季土稼穡蕃息信者誠，誠者直，故

爲繩也。五則揆物有輕重圜方平直陰陽之義四方四時之體五常五行之象厥法有品各順其方，而

應其行。職在大行鴻臚掌之。

書曰予欲聞六律五聲八音七始，詠以出內五言女聽予者，帝舜也，言以律呂和五聲，施之八音，合之成樂七者，天地四時人之始也順以歌詠五帝之言聽之則順乎天地序乎四時應人倫本陰陽原情性風之以德感之以樂莫不同乎一唯聖人爲能同天下之意故帝舜欲聞之也今廣延羣儒博謀講道修明舊典同律審度嘉量平衡鈞權正準直繩立於五則備數和聲以利兆民貞天下於一同海內之歸凡律度衡量用銅者名自名也所以銅天下齊風俗也銅爲物之至精不爲燥濕寒暑變其節不爲風雨暴露改其形介然有常有似於士君子之行是以用銅也。用竹爲引者事之宜也。

觀漢志之記度量衡可納之爲四點研究之：其一、言度量衡之標準，其二、言度量衡之命名及命位，其三言度量衡之原器，其四、言度量衡之行政。

## 第二節　秦漢度量衡制度總考

依漢志言度量衡之標準，係以黃鍾之長黃鍾之容及容重爲本，而以子穀秬黍爲校驗度本起於黃鍾之長九十分之一爲一分量本起於黃鍾之侖用度數審其容合侖爲合權本起於黃鍾之重。

是故漢代度量衡制度之標準，一「本」於黃鍾又慮失其制，故又注以積黍之法，一黍爲一分，直列

九十黍合黃鍾之長以起度，一千二百黍合黃鍾之容以此容數合黃鍾之重以起權衡。所

謂九十黍一千二百黍者，皆當時校驗黃鍾之制適合之數，決非以秬黍爲度量衡之標準。故漢志言

度量衡皆云「本起黃鍾」後又以子穀秬黍作校驗之證，所以存其制於後世。

　度量衡之標準既定又必須增設度量衡單位之名以資實用。漢志本於劉歆之說所謂五法，參

五以變度量衡單位之名各有五五度者分寸尺丈引均以十進五量者龠合升斗斛合由龠二進合

以上均十進五權者銖兩斤鈞石二十四銖爲兩十六兩爲斤三十斤爲鈞四鈞爲石是爲漢志度量

衡命名命位之制。

　然漢代度量衡，蓋承秦之遺制，故秦漢之制大略相同。此以何立說？考周代定制，至春秋迄戰國

之世蓋已紊亂至極秦不師古自孝公（民國前二二七二——二二四八）之世以商鞅佐政一切

法制均變於古商鞅變制籍稱在孝公十二年（民國前二二六一）呂祖謙曰：『商君爲政平斗角，

權衡丈尺』。三輔皇圖『皇帝二十六年（民國前二一三二）初兼天下一法律同度量。』在周末

各國度量衡之制，本極紊亂，秦商鞅變制劃一之；秦始皇一統天下，一切以暴力強制施行。秦之強制

變制影響於後世極重，漢與之制即承秦之變制，度量衡之制亦然。蓋至秦並天下之後朝廷度量衡

之制昭然劃一。漢興度量衡之制即承秦之遺制此其一。商鞅變制最著者爲廢井田開阡陌漢代每

有言『富者田連阡陌』即受變制之影響秦廢周百步爲畝之制增至二百四十步其遺制傳及於

後世無有變更此其二。漢與以後度量衡未聞有定制之舉而漢志謂漢制以黃鍾爲本即漢用秦制，

由其制合黃鍾之數以爲標準亦然又如云「九十分黃鍾之長」蓋秦遺制之尺度合黃鍾如此漢志以此

爲標準量衡之制亦然又如量名之「合」「侖」獻制之「頃」名蓋皆由秦之遺漢用之此其三。

考秦之斤鈞石三權器發現於今，[銖兩二權或以太小，容易失傳，故未曾發現。]三權實重之進位一如漢志而秦行十二銖

錢文曰「半兩」其義亦可通是漢立五權之制亦法秦之實制此其四。秦變錢制實行銖錢漢與亦

行銖錢，秦錢重十二銖漢以其重改鑄三銖等錢銖之重殆即依秦之制此其五。是故秦漢二代度量

衡實爲一制其立制之始蓋在秦孝公之世蓋變周制而一統周末之亂法者其統一之成在秦始皇兼

並天下之時；而其制度之備則載於漢志。[秦世享國不久，雖立其制，不傳於書。]此爲研究秦漢時代度量衡制度應注意

一四五

者一。

王莽代漢，斥秦爲無道，每有所興造，必欲依古，多出於周禮。於是變漢制，亦即變秦之遺制。復周制度量衡之制亦然。惟莽所變者爲度量衡大小之量，其法制則相同，漢志出劉歆之五法，歆爲莽之國師，是漢志言度量衡之制即爲莽制。而劉歆言五法亦即秦漢之原制，故所變者非其制，乃其量也。秦莽兩代變制，爲中國政治上最大之改革影響亦最重。秦變度量衡之制，傳及於漢；莽變度量衡之制，亦傳及於後漢。隋志載後漢建武銅尺，與王莽劉歆尺並列，其度相等，乃荀勗同用以校驗其所造之尺。故後漢建武之度，即莽之制也。此爲研究漢代度量衡制度，應注意者二。

秦漢二代度量衡，及新莽後漢度量衡，各屬同制，則第二時期中國度量衡制度，可以互爲參證以明之。

### 第三節　秦代度量衡之變制設施及制作

史記商君傳：『商鞅平斗桶權衡丈尺。』呂祖謙曰：『秦始皇二十六年（民國前二一三三）

一衡石丈尺。」又曰「自商君爲政,平斗甬權衡,丈尺,其制變於古矣至是並天下之後,皆令如秦

制」考商鞅變法爲中國上古政治制度第一次大改革,影響於後世極重。周代度量衡之制早已紊

亂,而歷史必須進步,故商鞅變制以新制統一數百年間紊亂不堪之舊制,以歷史眼光觀之,誠爲樹

立新政之要着。蓋秦自孝公之世,商鞅變制立新法,行於秦一國,至兼並天下之後,使天下盡用秦

制。呂覽曰『凡民自七尺以上,屬諸三官,農攻粟,工攻器,賈攻貨,仲秋之月一度量,平權衡,正鈞石,齊

斗甬。』故秦世不但令天下盡如秦制,並行每年定時檢查之制,至是度量衡之制當是復能劃一,此

秦代度量衡變制及設施之概略。

人長七尺,秦制之尺,計約爲一九三‧五公分,與周制人長一丈之數約相符合,此可證秦漢之

尺度。周尺之一尺二寸五分爲秦尺之九寸,周尺之一丈,爲秦尺之七尺二寸,合人長七尺之說。

古今圖書集成載「秦權銘曰「二十六年,皇帝盡並兼天下,諸侯黔首大安,立號爲皇帝,乃詔

丞相疾綰法度量則不壹歉疑者皆明壹之;」此始皇帝詔也又曰「元年制詔丞相斯去疾法度量,

盡始皇帝爲之,皆有刻辭焉今襲號而刻辭不稱始皇帝其於久遠也如後嗣爲之者,不稱成功盛德,

刻此銘，故刻左使毋疑」此二世詔也。」是蓋在秦始皇二十六年統一天下之後製造權原器，而刻

此前銘，至二世元年（民國前二一二〇）復增刻此後銘此權原器據吳大澂所藏有四共三種重

量其同量者一爲銅質，一爲鐵質均有刻銘二與此全同如第一〇圖：

第一〇圖　秦權圖

秦斤權

廿六年皇帝盡
并兼天下諸侯
黔首大安立號
爲皇帝乃詔丞
相狀綰法度量
則不壹歉疑者
皆明壹之

一四八

秦　斤　權

元年制詔丞相
斯去疾法度量
盡始皇帝為之
皆有刻辭焉今
襲號而刻辭不
稱始皇帝其於
久遠也如後嗣
為之者不稱成
功盛德刻此詔
故刻左使毋疑

秦　鈞　權

秦　鈞　權

秦 石 權

秦　石　權

觀圖，三種權之

銘全同第二權兩刻

始皇詔書，吳氏曰：

「或因初刻一詔日

久有漫漶字迨二世

頒詔時補刻始皇前

詔故有重文」總之，

此殆爲秦代之制作，

於以證秦漢權衡

之制當斷不誣惟三

種權，均未註明重量據吳氏實驗，較得第一種權重湘平六兩三錢一分，第二種權重湘平十三斤八

兩，第三種權重湘平五十四斤。以吳氏實驗得秦半兩泉之重計之二三兩種權其一適為鈞權其一

適為石權；第一種權較斤權之重稍弱，吳氏曰：「一斤應合七兩二錢，一○‧四五倍為斤。是權短平八錢九

分下邊有磨鑢痕故銅質略輕。」然此三種權當為秦之斤鈞石三權，而秦漢二代權衡之制於錢法

較驗之外於此得一實證。

## 第四節　漢代度量衡及與周代設施上之比較

漢代度量衡可以證之於漢書律歷志其實量可以由秦莽二代度量衡推求之。其對於度量衡

行政上之設施據漢志云：『度者職在內官廷尉掌之；量者職在太倉大司農掌之衡權者職在大行，

鴻臚掌之。』廷尉秦官名掌刑獄之事漢仍之，顏師古曰：『法度所起故屬廷尉』大司農掌錢穀之

事顏師古曰『朱粟之量故在太倉』穀以量計，故量屬大司農鴻臚本周官大行人之職掌贊導相

禮之事顏師古曰：『平均曲直齊一遠近故在鴻臚』

周制朝廷掌理度量衡事務之官有三出之以內宰，一之以合方氏同之以大行人。而實際掌地

方度量衡事務爲司市，故曰掌之以司市考周行邦國之制封邦之後各邦各治理其邦內之事故統

一之權屬於中央朝廷之上地方之官掌理推行之事務|漢行郡國之制郡置郡守隨時由中央派任，

故統一之權及掌理之務均屬諸中央此|周|漢二代行政設施不同之點一|周制以掌理度量衡之性

質分官故內宰掌理度量衡標準之事合方氏掌理民用度量衡之事大行人掌理公用度量衡之事。

|漢制以掌理度量衡之器具分官故廷尉掌理度器大司農掌理量器鴻臚掌理衡器。此|周|漢二代行

政設施不同之點二。

## 第四二表　周漢二代度量衡行政官司比較表

周漢度量衡行政官司之比較
- 分權
  - 周——統一之權屬中央掌理之務屬地方
  - 漢——統一之權掌理之務均屬中央
- 分官
  - 周——內宰掌標準合方氏掌民用大行人掌公用
  - 漢——廷尉掌度大司農掌量鴻臚掌衡

## 第五節　新莽度量衡之變制及其影響

變制者立新制，爲歷史演進自然之結果，故前代法制不良，或已不適於用，惟有創立新制以承

紊亂之末，一毀以前舊制。周末度量衡紊亂已久，眞制失傳，而秦變之。漢中度量衡未聞有統一之舉，

其不劃一自爲意中事，而莽變之。中國度量衡之制，自秦一變而漢行之，自莽再變而後漢行之，其影

響亦至爲重大，故特於此再伸言之。

莽變制，乃變漢之制，亦即變秦之制，但又非爲復周制。而度量衡之法，則不變於漢，漢志出於莽

師劉歆之五法，而五法蓋本秦漢之法制，是故秦漢之法制，莽未嘗改變所變者器之量也。

新莽變制影響，至爲重大。「自漢平帝時命劉歆同律度量衡變漢制，王莽因之以鑄錢貨銅斛

望臬；晉武帝時荀勖因錢貨銅斛望臬製尺。」「荀勖所取法之西京望臬，建武銅尺亦仍莽制，荀勖

之尺，爲晉前尺歷代尙之，隋書律歷志開載十五種尺，以此尺爲主。」「後周世宗時王朴造樂用此

尺，而略有所增。宋太祖嫌其尺短，晉哀命和峴更增之。仁宗時丁度高若訥據莽之錢貨定尺以獻而

司馬光刻之於石，蔡元定著之於書……』以上壞莽制流布影響之事實，乃雜錄各家之言。

總之，中國度量衡至新莽之時實爲有史以來最大之改革，旣改制後復毀滅前代之制，製頒標準器，使天下所用者莽之器，使後世所傳者亦莽之制，無論後世用器實量之增損如何，而所採據以爲較量之準者無非莽制莽物。參見後數章可知莽制傳布之廣，影響之大。

## 第六節　新莽度量衡標準器之制作及設施

新莽度量衡標準器之制作今可考者有度量權三種，僅量標準器完整無恙，度權二種標準器已不完全。又衡標準器亦難詳考。考新莽量嘉量，歷史上曾經數次發見。魏陳留王景元四年（民國前一六四九）劉徽注九章商功曰：『王莽銅斛，於今尺爲深九寸五分五氂，徑一尺三寸六分八氂……』王莽銅斛即新莽嘉量，嘉量本爲銅質，而斛爲嘉量之正身故以斛爲名劉徽注九章必親見此器，此一次發見於魏世。漢書律歷志注引鄭氏曰：『今尚方有王莽時銅斛制盡與此 指漢志 同』王國維曰：『案顏師古漢書序例云「鄭氏晉灼音義序云不知其名而臣瓚集解輒云鄭德旣無所據，

今依晉灼但稱鄭氏。」案臣瓚晉灼皆西晉初人已引鄭氏說，則其人當在魏晉間矣。」此二次發見

於魏晉之間。李淳風九章算術注『晉武庫有漢時王莽所作銅斛』此三次發見於晉世高僧傳：『符（秦攻襄陽，獲朱序，東晉孝武帝太元四年，在

堅遣不南攻襄陽道安與朱序俱獲於堅既至住長安五重寺時有一人持一銅斛於市賣之，……堅

以問安安曰「此王莽自言出自舜皇就柴戊辰改正卽眞以同律量……」

（民國前一五三三）此四次發見於秦苻堅之世，王國維曰『王莽嘉量西清古鑑著錄今藏坤寧宮五量及銘

辭並完。古籍所記魏晉武庫曾藏一具，鄭德注漢書律歷志，劉徽注九章算術商功篇並著其事苻堅

於長安市上亦得一具，……唐宋以後未見記錄此器不知何時入內府又未知得自何所……」蓋

新莽嘉量在魏晉之世曾數發見，唐以後不知存否清會典：『乾隆間得東漢圜形嘉量』此亦新莽

所制作之嘉量。此五次發見於清初，王國維謂不知何時入內府，蓋卽得之是時藏在是時？故（原藏於坤寧宮者。

宮博物院藏有一具完好如初卽出自坤寧宮者今此器出在中國度量衡史上實有極大之價值整

個中國度量衡實制幾可全由此器證實之。

西清古鑑爲乾隆敕撰有漢嘉量之圖及銘文又乾隆時，翁方綱兩漢金石記載王莽銅量之銘

文銘辭均全，而隋書律歷志只載斛銘。李淳風九章算術注謂「其篆字題解旁云云（斛銘）……

及斛底云云（斗銘）……後有讚文與今律歷志同，……今祖疏王莽銅斛文字尺寸分數然不盡

得升合侖之文」王國維曰『「云後有讚文與今律歷志同」者此量後銘與淳風所撰隋書律歷

志中莽權銘同云「今祖疏王莽銅斛文字尺寸分數」者謂祖冲之隋志載「祖冲之以密率考

此量」其證也云「不盡得升合侖之文」者謂祖冲之僅錄斛斗二銘及後銘不錄升合侖之銘

也。』故在魏晉之世，嘉量之器雖發見，而銘辭不盡錄王氏又曰『古書記錄此器頗有遺失，如高僧

傳言「橫梁昂者爲升低者爲合梁一頭爲侖」其所謂梁者卽左右兩耳今此器兩耳平行，初無低

昂傳語失之。九章李注言「升居斛旁合侖在斛耳上」區旁與耳爲二尤非蓋僧祐李淳風均未見

此器也。』總之此器當時雖數度發見而著者未見其器故失其眞又名之者亦有種種歧異：劉徽鄭

氏均謂「王莽銅斛」隋志謂「王莽時劉歆銅斛」清會典、西清古鑑均謂「東漢嘉量」翁方綱

謂「王莽銅量」馬衡劉復謂「新嘉量」王國維謂「新莽嘉量」嘉量爲五量之器名，王莽國號

新新莽爲表王莽制作之時代故宜稱爲「新莽嘉量。」

王國維又曰：「湊陽端氏尙有一殘量，僅存周圍小半……有後銘八十一字海內未開有第三器。」

……據銘辭云「龍在己巳歲次實沈初班天下萬國永遵」則王莽於始建國元年曾以此量班行天下案漢末郡國之數凡百有三莽制承之則此器當時所鑄必有百餘而今僅存二器又惟此指藏于坤寧宮者。獨完眞」已巳爲新莽始建國元年（民國前一九〇三）卽在是年頒發度量衡標準器以爲各國遵守旣云「初班天下萬國永遵」知其制作標準器之數誠如王氏云當在百餘份以上故自是而後中國度量衡之制又完全統一各郡國所存之標準器，均祇爲莽制矣。

第一一圖　新莽嘉量原器圖

故宮博物院所藏新莽嘉量原器，如第一一圖。

劉復曰：「此器中央為一大圓柱體，近下端處有底，底上為斛量，底下為斗量，左耳為一小圓柱體，底在下端為升量，右耳亦為一小圓柱體，底在中央底上為合量，底下為龠量（右耳底壁均甚厚）故斛升合三量均向上斗龠二量均向下。漢志所謂「上三下二參天兩地」也。」此即新莽嘉量形體之說明。其量之實制可於其五量之銘辭中研究之。其斛銘曰：「律嘉量斛方尺而圓其外庣旁九釐五毫冥百六十二寸深尺積千六百二十寸容十斗。」

漢志出於劉歆之法，故新莽嘉量與漢志之說可互為參證。今其五量銘之文義及漢志所謂「用度數審其容」之義均為應研究者考新莽嘉量五量均為內為圓形但不曰圓徑之數而曰「方若干而圓其外庣旁若干」此與周䰜之制所不同者為庣旁之制。律呂新書以斛銘文解之謂『「方尺」者所以起度「圓其外」循四方而規圓之其徑當一尺四寸有奇。』所謂「庣」鄭康成謂為「過」顏師古謂為「不滿之處，律呂新書曰：「庣旁九釐五毫」者「徑一尺四寸有奇」之數猶未足也。」是蓋由「方尺而圓其外」以定圓徑之數猶不足圓徑兩端須再各加九釐五毫，

而後其圓面積始足百六十二方寸之數，卽所謂冪若干。「冪」字，隋志載稱「冪」卽是圓面積。何以要合一百六十二方寸之數蓋黃鐘一龠之所容爲「八百一十立方分」二千倍之爲斛之容積，應爲一千六百二十立方寸以斛深一尺等之斛圓面積卽應合一百六十二方寸故由「方尺而圓其外」以定圓徑須加冪數而後由徑求圓面積始能合也。

第 一 二 圖

新 莽 嘉 量

斛方尺而圍其外並冪旁圖

（縮尺五分之一）

圓 其 外

方 邊 一 尺

劉復曰：『圓內所容正方形之四角，並不與圓周密接，而中間略有空隙，卽所謂冪。』冪數應爲

斜圓徑＝$\sqrt{2}$ ＋（2×賦）＝1,414,213,6＋2×0.009,5＝1,433,213,6 尺

斜圓面積＝（7.166,068）$^2$×π＝161,329,1 方寸

二，故

此數係用現時通用圓周率三‧一四一六計算故略小但在莽制作之時其圓周率並非此數，其斜

圓面積爲一百六十二方寸。由是可知所謂「方若干而圓其外」又「厖旁若干」者乃爲足其面

羃之數，再由是而得其應有之容積。此新莽嘉量之制所謂「用度數審其容」者。

新莽嘉量之「度數」既定則所謂「審其容」祇須知其尺之長度卽可計算，參見前第三章。

惟新莽嘉量係新莽制作標準器之一有容量復有度數且有重量漢志云嘉量『其重二鈞』新莽

之制亦然。故作新莽嘉量之實驗實可以求新莽度量衡之全制，或驗其制作精差之度。此種工作王

國維曾依斛之度數作尺度之較量得一尺之長合清營造尺七寸二分已見前而劉復則作度量衡

完全之實驗並作「較量及推算之文」

據劉氏求得之結果以尺升斤三單位表之如左：

新莽之度一尺為二三・〇八八六四公分。

新莽之量一升為二〇〇・六三四九二公攝。

新莽之權一斤為二二六・六六六六公分。

依新莽嘉量實驗得度量二數較前第三章所定之標準數,可作比較如次:〔前定衡數標準,係與此平均計得者,故不作比較。〕

（一）度、較二三・〇四公分僅大〇・〇四八六四公釐。

（二）量、較一九八・一三五六公攝僅大二・四九九三公攝。

新莽制作之權標準器於南北朝之世亦曾二度發見。隋書律歷志曰:「案趙書石勒十八年

（民國前一五七七）七月造建德殿得圓石狀如水碓其銘曰:「律權石重四鈞同律度量衡」有新

氏造」續咸議是王莽時物後魏景明中并州人王顯達獻古銅權一枚上銘八十一字其銘曰:「律

權石重四鈞又云......（八十一字銘見後）」此亦王莽時物也。」案「新」字,隋志均誤載為

「辛」字自是之後,則無有道及之者,近在甘肅定西縣西七十里之稱鈞驛發見新莽權衡數件陳

列於甘肅省教育館,後被竊失蹤,復經海關發見被人偷運海外,乘機扣留今古物保管委員會存有

「直柱一衡一鈎一權四。」據冰岩君曰：「甘肅省教育館舊存新莽衡權計衡一權四鈎一衡有銘文殘缺不完存七十一字。案此七十一字，乃新莽度量橫衡總銘八十一字之前七十一字，見後。 四權中一權銘文與衡同一殘缺僅餘律、建

第一三圖 新莽權衡原器圖

（一）圖三一第

第一三圖（二）

定三字，一已殘剝無字一僅餘一銖字。」冰岩君所云者即今存古物保管委員會中之新莽權衡惟

冰岩君所謂存七十一字之衡是爲度非衡也除此而外計古物保管委員會所存爲權四衡一新莽

權衡原器如第一三圖。

五量各有一分銘僅其所言度數異其文義均相同五權之分銘，隋志載一石權銘曰：「律權石，

重四鈞」；石勒十八年發見之圓石，其銘後文有「同律度量衡有新氏造」，九字但表示新莽之制作，故莽權銘，以後魏發見者爲是。則其餘四權之分銘可依此

類推冰岩君所云四權除一權已無字不計外其一權銘文與衡同即謂總銘其一權餘律、建、定三字，

當即總銘中之「律」「建」「定」三字其一權餘一銖字當即銖權或兩權銘中之銖字。

甘肅省教育館尚存一最大之權是乃石權，漢志曰：『五權之制……圓而環之令之肉倍好

者，』觀四權圖之形式誠然又衡上亦有一總銘全在衡之中央並無分銘又有一鈞其式與現今桿

秤之鈞同未知是否屬於此衡者。

古物保管委員會所謂「直柱」即冰岩君所謂「衡」者實乃度標準器如第一四圖。

第一四圖　新莽度原器圖

漢志言度制：「高一寸，廣二寸，長一丈，而分寸尺丈存焉。」今據圖，高廣之度正相合，以前第三章玫定新莽尺

之長度計之，高一寸，廣二寸，正相合。

長僅五尺八寸然器中總銘僅餘前七十一字而度器亦有分銘則自斷處以後，

合總銘缺字及分銘當可足四尺二寸之數合長當爲一丈

又嘉量雖爲一器而五量分制又五權亦分制故五量五權之分銘各有五。五度僅有二器其一

爲存分寸尺丈之四度即第一六圖之度原器其一爲引制二器當僅有二分銘其銘雖不可考之於

器但可證於漢志又漢志分五度、五量、五權衡之制不詳蓋衡爲權之用故衡無分銘。茲將新莽度量

權衡標準器之制作總括說明如次：

一、標準器之種類　全份在百數以上。

（一）度器有二其一為銅製直尺，長一丈，寬二寸，厚一寸，所以表明分寸尺丈之四度；其二為竹製卷尺長十丈寬六分厚一分，為引制。

（二）量器合為一銅製正身上為斛，下為斗，左耳為升右耳上為合，下為龠。五量並表明於此一器，均圓柱形。

（三）權器有五銖、兩斤鈞石分制，銅或鐵製均圓形中有圓孔，「令之肉倍好」故圓孔之徑，為外徑三分之一。

（四）衡器至少有一銅，或鐵製，如今秤類之橫梁，其制不盡詳。

二、每一器有一總銘八十一字均相同。

黃帝初祖，　德市於虞；　虞帝始祖，　德市於新；　歲在大梁，　龍集戊辰；　戊辰直定，

天命有民；　據土得受，　正號卽眞；　改正建丑，　長壽隆崇；　同律度量衡，　稽當前人；

龍在己巳，　歲次實沉；　初班天下，　萬國永遵；　子子孫孫，　享傳億年。

現存嘉量及衡桿之總銘，及隋志所載之權銘，此八十一字均完全，現存度器之銘，爲前七十一字，所缺者爲後十字。銘文中云：「黃帝」「虞帝」者，有謂莽自稱虞舜之後，實非；蓋黃帝初造律，以定度量衡，虞舜始同律度量衡，莽好古，所以遵古。銘文有「同律度量衡」之語，蓋其意，卽以虞舜之後，惟我能行，故曰「黃帝初祖，德市於虞；虞市始祖，德市於新」。

三、五量之分銘 今完全。

（一）律嘉量斛方尺而圜其外庣旁九釐五毫冥百六十二寸深尺積千六百二十寸容十斗。

（二）律嘉量斗方尺而圜其外庣旁九釐五毫冥百六十二寸深寸積百六十二寸容十升。

（三）律嘉量升方二寸而圜其外庣旁一釐九毫冥六百四十八分深二寸五分積萬六千二百分容十合。

（四）律嘉量合方寸而圜其外庣旁九毫冥百六十二分深寸積千六百二十分容二龠。

（五）律嘉量龠方寸而圜其外庣旁九毫冥百六十二分深五分積八百一十分容如黃鐘。

四、五權之分銘 鈞、斤、兩、銖，四橫銘，爲推出者。

（一）律權石重四鈞。

（二）律權鈞重三十斤。

（三）律權斤重十六兩。

（四）律權兩重二十四銖。

（五）律權銖重百黍。

五、五度之分銘 僅有二，今推定者●

（一）律度分寸尺丈高一寸廣二寸長一丈。

（二）律度引高一分廣六分長十丈。

## 第七節　後漢度量衡

後漢度量衡，承莽之制又有二證。莽變制必盡燬舊器，一律行用新器，於是傳於後漢者，蓋祇爲莽制。而後漢對於度量衡並不如莽之注重莽制旣傳於後漢，後漢亦卽因之，不另更張。晉荀勗造尺，所校古物，五曰銅斛，七曰建武銅尺，是後漢尺度，與新莽嘉量定度數之尺度相等，此其一證漢書著

於後漢初，而律歷志一本莽師劉歆之法，此即莽制傳於後漢之明證設後漢改莽之制或莽制與前漢制異，必不以莽法著為前漢之制。此更可證不但後漢承莽之制即莽亦承前漢之制莽所變者非漢制，乃其器量此其二證總之史乘籍載後漢於度量衡之設施及制作，既無紀錄即其制度亦莽之制也。

第八節　漢志注解之說明

後漢書：『建武十五年（民國前一八七三）詔下州郡簡核墾田頃畝及戶口年紀，河南尹張伋及諸郡守十餘人坐度田不實下獄死。』此可見後漢光武帝注重於田畝之計數後漢書又曰：『京兆尹倫平銓衡正斗斛市無阿枉百姓悅服』則後漢度量衡必不劃一故有平正之舉而民悅服。於此可見後漢朝廷並不注重於度量衡之制較之新莽遠不及也。

一、起度標準之說明

漢志曰：『度本起黃鍾之長以子穀秬黍中者一黍之廣度之九十分黃鍾之長一為一分。』其

意已甚明顯即謂度制本於黃鍾之長，九十分之一為一分，故曰「度本起黃鍾之長」又曰「九十

分黃鍾之長一為一分」。而二句之間則夾入「以子穀秬黍中者一黍之廣度之」一語，蓋當時恐

其實際不存於後世，故考求於子穀秬黍以其中者一黍之廣度之恰合一分為九十分一黃鍾之度，

非以子穀秬黍為標準，蓋漢代之尺本於秦制其度已定，而度一本於黃鍾，故漢以古黃鍾驗其尺恰

符九十分之度。九十分者，乃二者比較之數二者均先已存在，既非以尺定律，亦非以律定其尺度。以若

律定尺，當作整分百分之度；若以尺定律，當作天數九九之八十一，或作地數十之一百分之分剞，漢志之說，固每以陰陽為言，今九十分之數於二者之義，一不相合，即其明證。此漢志之本意如此。

而後世之誤蓋有二因一誤於漢志以黍為校驗之說以為佐實宋房庶曰：『嘗得古本漢志「一黍」字

校驗之物後世有所準但黍非為不變者已見前章而漢志自云以「中」者為度，此在當時實已知

其非不變而猶以黍為較驗之物，知其誤而遺其誤此誤之實甚。二誤於後世之曲解每專恃於累黍

為定以漢志係以黍為標準今引一段誤解之說以為佐實宋房庶曰：下有「之起積一千二百黍」八字即謂「本起黃鍾之長，以子穀秬黍中者，一黍之起積一千二百黍之廣度之，九十分黃鍾之長，一為一分」。　今本漢書闕「一黍」字

之。」因有此增文於是有然否二說。然其說者之言曰：『漢志前言分寸尺丈引，本起黃鍾之長後言

九十分黃鍾之長。尺量權衡皆以千二百黍在尺、則曰「黃鍾之長」在量、則曰「黃鍾之龠」在權

衡、則曰「黃鍾之重」皆千二百黍也豈猶于尺而爲不成文理乎?」范景仁等之言如此否其說者

之言曰:「按一黍之廣爲分故累九十黍爲黃鍾之長積千二百黍爲黃鍾之廣」蔡元定等之言如

此二說之誤皆誤在以黍爲標準。然明於尺度與黃鍾關係及黍物雖中亦不中之義則自明矣。

## 二、權量標準之說明

漢志曰:「量本起黃鍾之龠用度數審其容。解釋見前。以子穀秬黍中者千有二百實其龠，以井水

準其概合龠爲合……權本起黃鍾之重一龠容千二百黍重十二銖兩之爲兩」明於起度標準之

正義卽明於權量標準之正義權量均本於黃鍾以黃鍾龠之度數審其容積之定準黃鍾龠容積八

百一十立方分此爲標準;以黍爲校驗得一千二百黍然容黍又不比累黍故又言容黍之準以水準

其概。解釋見下。一千二百黍其黍之大小乃當時用以累長九十黍合黃鍾長者卽以此黍數爲校量權

之準故稱之定爲十二銖之重。考量衡起於度今法亦然如以十分之一公尺立方體爲一公升，法國言米

突制起初之標準。一公升容水定爲一公斤之重卽先以度數審其容爲千分之一立方公尺，而後以水爲校量

衡之準，此可以互通惟取爲校驗之物用黍，自不若用水，而又以水之蒸溜過者爲佳。然漢爲權量之

標準實在黃鍾龠用度數審其容後世不可專憑容黍以求一千二百之數以自誤也。

三、黍廣定度之說明

漢志曰：『以一黍之「廣」度之』考「廣」之爲義本甚廣，如一室之縱度得謂之廣橫度亦

得謂之廣室內之面積又得謂之廣容積復得謂之廣。「廣」之義不限於「橫」之一解。不過習慣

廣橫二字可以通用逐誤專以「橫」爲廣之解釋。若明於起度標準之所在則爲黍之廣根本不必

在縱橫意義之間尋根據。朱載堉曰：『漢尺斜黍之尺，黃鍾之律其長以斜黍言之，則爲九十分。』蓋

漢尺與黃鍾律比較得九十分斜黍與黃鍾律比較亦得九十黍此皆比較之數起度本不可於黍之

縱橫意義之間尋根據又何得獨謂爲斜黍哉斜黍者，不過比較其數相符，故命名曰「漢尺爲斜黍

尺」非漢以斜黍爲較驗之度，亦非定漢尺爲斜黍尺不過爲研究之方便，而藉以命之名者。

四、容黍準概之說明

漢志曰：『以子穀秬黍中者千有二百實其龠，以井水準其概。』孟康曰：『概欲其直，故以水平

之。「顏師古曰：『概所以平斗斛之上者也。』劉復謂『以井水灌入器中以準其較量之意。』較侖之法，而以水較黃鍾定其量，始自宋李照之所爲。馬衡以『概爲平斗斛器以井水準其概，是用井水較準其平斗斛器。』顏二家之說。

如是「以井水準其概」一語，有二種解釋：其一、以「概」爲平量器口之器，而用井水較驗其概之平直其二不以概作平量器口之器具解釋而將全句解作「用水較量量器」之意。依第二說概字無所用而第一說以水較概，均非漢志本意。劉復曰：『顧陳埭鐘律陳數其曰「以井水準其概」者謂「實侖既滿沃水令平以當而冪視黍粒之頂，悉與水齊而後巳，所以代概也，」這是說不過去的，因爲黍輕水重，先放黍後放水，水黍粒必隨水浮出至少也要浮得比侖口更高決，然做不到「黍粒之頂悉與水齊。」顧氏接着說「必井水者，性澄靜善沉物不浮動也。」這在井水性質上加了許多臆測不甚可靠接着又說「若曰以水平概以概平侖無論取平太拙且侖之面其廣幾何安所施概?」這實在說得不錯」實侖以黍復加入水則黍浮出水面之上故劉氏言顧氏之說非爲是。又顧氏言井水之性一段亦爲非是。蓋用水本意水須清潔在當時以水之最清潔者莫若井中之水，故說明用「井水。」至黃鍾侖之口本甚小，顧氏之言固甚當然口雖小取平仍當若在今之世，必言蒸餾水，意可通。

馬氏合孟 考去容黍

以概器平之，始爲愼重其準之意，「概」爲器，即所謂「平斗斛器」者，而龠之口應平，須能完全與

水平面密接，故以井水準其龠口之平，即所以爲準其用概之平。以黍一千二百之數實龠之後，以概

平龠口視其平須不多不少。故曰「千有二百實其龠以井水準其概」者及以「井水準其龠口之

平以概準其一千二百黍容數之度」二事非同時爲之者。家語孔子觀於東流之水曰：「……至量

必平之，此似法盛而不求概，此似正。……」此即謂水入量器滿而自平不須求於概，「以井水準其

龠口之平」者即此之謂是爲以水性之平定其龠口之平者。

## 第九節　第二時期度量衡之推證

### 一、隋志之紀載

隋志記及本時期之尺度有三。其一稱爲漢志王莽時劉歆銅斛尺，及後漢建武銅尺，此已見前，

不再及。其二稱曰漢官尺，其說明曰：『蕭吉樂譜云：「漢章帝時零陵文學史奚景，於泠道縣舜廟下

得玉律度之漢官尺。」爲此尺傳暢。』此尺不知是否果爲古物，抑爲出自得者之僞造？即係古物，而

中國度量衡史

一七六

晉志：相傳謂之漢官尺。

其年代已不可考。晉志謂之漢官尺，亦只可認爲章帝時之官尺。據隋志載，比晉前尺<sub></sub>即合新莽尺。一尺三

分七毫蓋章帝又後於後漢光武五十年其時度量衡之制已不劃一則此尺蓋由增益訛替及製造

不準之所致也其三、稱曰蔡邕侖尺其說明曰：「從上相承有銅侖以銀錯題其銘曰「籥黃鍾

之宮長九寸……」祖孝孫云：「相承傳是蔡邕銅籥。」蔡邕爲後漢末人其時所行用尺度非前

漢之制蔡氏或因造一籥黃鍾律以明前漢之制但並非行使之制度。前後漢尺度之比爲一二〇比

一〇〇今蔡氏銅籥比復據隋志載其比數爲一一五‧八，依此推算得後漢尺比數應爲九六‧三，

不合一〇〇之數蓋爲當時尺度較後漢初之實制已有差之故。

二、谷口銅甬考

歐陽公集古錄有谷口銅甬，始元四年，左馮翊造其銘曰：「谷口銅甬，容十斗重四十斤。」考甬

即爲斛量，左馮翊爲漢郡名。是器當係漢昭帝始元四年（民國前一九九四）左馮翊郡所造考漢

制嘉量斛容十斗重二鈞即六十斤今此器只云四十斤或其量僅爲斛而無餘四量非嘉量之制。然

此器非朝廷所制頒者非爲漢代標準器自爲無疑。

## 三、清定橫黍律尺之推證

清初康熙定制以橫黍百枚之度，合清營造尺縱黍百枚之度，百分之八十一。清制以累黍布算

得尺，由尺考定黃鍾律，是清以清所造之尺定律，非以古律定尺者。今之黃鍾非古之黃鍾，清橫黍律

尺亦非古黃鍾律尺，至爲明顯，故前稱之名「清律尺」，未嘗以古尺目之。而識者不察，誤以清律尺

爲考定黃鍾者，卽謂爲古尺之度，誤之實甚。考其誤致之果有三：其一、誤以爲夏尺者，蓋本橫黍之度

爲夏古尺之說；其二、誤以爲周尺者，蓋以中國史籍所謂古每指周代爲言之說；其三、誤以爲漢尺者，

蓋本漢志所謂「一黍之廣爲分九十分合黃鍾律長」之說。考清之律尺，清代所造夏周漢三代之

尺，已不傳於後。而清律尺在其制作之時，所用以校驗者又非古物，較之荀勖之制作猶不及，此根本

不可認爲古尺。清橫黍之度只憑累黍爲定，不過爲清之律尺，作考古之一用。清律尺制成之後考校

古律因而新莽之黃鍾，亦非古黃鍾見前。合清之太簇，故新莽尺合清律尺九分之八。新莽尺爲夏尺一〇八

分之一〇〇，爲周尺一〇八分之一二五，爲漢尺十二分之十，均非九分之八，故清之律尺比例亦不

合夏周漢三代尺之度。

惠侯銅尺建初六年八月十五日造

第 一 五 圖

漢慮俿銅尺

第 一 六 圖 (一)

王莽銅尺

第一六圖 (二)

## 四、吳大澂之考度器

吳氏實驗漢代度器有二：一曰、漢慮俿銅尺，一曰、王莽銅尺，其圖如左。

其一漢慮俿銅尺注曰：「爲孔東塘民部尙任所藏今在衍聖公府，原器上有銘識：「慮俿銅尺，建初六年八月十五日造」十四字」考慮俿漢縣名此尺當係後漢章帝建初六年（民國前一八三一）慮俿縣造。吳氏曰：『較周鎮圭尺長一寸六分」周尺與新莽尺比爲一〇八比一二五即周尺比新莽尺短一寸五分七釐故此尺爲新莽尺之遺制後漢承之足爲實證今比其原圖實長二三五・四公釐。隋志記漢代尺度之二爲漢官尺，合新莽尺度一尺〇三分〇七毫卽合二三七・五公釐。此二尺相差爲二・一公釐蓋漢章帝時發現玉律度，於是天下以爲正度各郡縣摹仿製造。隋志曰「爲此尺傳暢」即爲既得此玉律度之傳暢，今慮俿尺即其傳暢之一證。其略不相合者乃爲摹製之誤。故此尺只足認爲僞造玉律度之傳暢，非後漢尺度之正制

其二王莽銅尺注曰『是尺年月一行十二字及正面所刻分寸皆鏤銀成文制作甚工。近年山左出土器藏濰縣故家正面上下共六寸中四寸有分刻。旁附一尺作丁字形可上可下計五寸無分

刻。上有一環可繫繩者背面有年月一行，不刻分寸。

中國度量衡史

國元年正月癸酉朔日制」則此尺亦係新莽代漢始建國元年（民國前一九〇三）所造惟考新

莽度標準器之法與此不同。觀此尺形式類如今之測徑遊標尺蓋爲當時特殊需用而設今度之推

得其一尺之長合二五五公釐較新莽尺正度約大二五公釐其差可謂極大。然據銘文知此尺制於

始建國元年正月初一日而新莽度量衡標準器亦制於始建國元年，但新莽於是年代漢即位其度

量衡制度標準在正月初一日必尚未確定則是尺之度當爲前漢末間尺度差訛之所致也。前漢尺度之長爲二

五、王國維之考度器

王氏記漢代之尺度有四其一曰劉歆銅斛尺，乃依新嘉量斛之周徑及深所制，已見前其二、

曰漢牙尺注云：「原尺現存西充白氏分寸用金錯拓本長營造尺七寸二分六釐」實長當爲二三

二·三二公釐，此尺之長

度，短二一·五公釐。

七六·五公釐較新莽尺長清營造尺度之六釐即一·九二公釐。此當係後漢所造亦由新莽尺略

有增訛之證其三曰後漢建初銅尺注云：「原尺藏曲阜衍聖公府今未知存亡世所傳拓本摹本及

一八〇

做製品甚多，長短不同，均未可依據癸亥年鄞縣馬叔平見一銅尺，漢陽葉東卿所做以贈翁方綱者，

其長營造尺七寸三分七釐又上虞羅氏藏一未裝裱舊拓本長短亦同」此尺亦係建初銅尺，藏於

衍聖公府者當即係吳大澂所謂漢慮俿銅尺據王氏所記此尺之長應合二三五·八公釐與吳氏

所圖正相合。王氏亦謂吳氏撰權衡度量實驗考，未及得見唐宋以後尺之實器，而不言吳氏未知此尺，故二氏所記實係同一尺者。王氏曰『古尺存於今者惟曲阜孔

氏之後漢建初尺濰縣某氏之新莽始建國銅尺耳』王氏謂此二尺亦即吳大澂實驗之二尺也其

四、曰無款識銅尺注云：『烏程蔣氏藏比建初尺稍長晉以前物也』則此尺爲晉以前而又後於

漢建初其長度亦由增訛所致。

# 第七章　第三時期中國度量衡

## 第一節　隋志所記諸代尺之考證

自魏晉南北朝至隋諸代尺度完全備載於隋書律歷志審度篇，依各代尺度之長短，分之為一十五等是為中國歷代尺度記載之開演。若以朝代論，自周、新莽後漢迄魏、晉、前趙，及南朝之宋、齊、梁、陳與北朝之後魏、東魏、西魏、北齊、北周以止於隋，共十七朝即以本時期內各代言之亦有十四朝。諸代尺度實器之長蓋已完備，此為中國度量衡史上尺度詳備特殊之時期。隋志所載尺度一十五等，均以晉前尺即係以新莽嘉量之度考校訂定者為比較之標準，此又為特別之一點，今依隋志之說明分別考證以明其朝代之分。

一、第一等尺有四：（一）周尺，（二）漢志王莽時劉歆銅斛尺，（三）後漢建武銅尺，（四）晉泰始十年（民國前一六三八）荀勖律尺為晉前尺，即祖沖之所傳銅尺。

隋志說明：晉書云：「武帝泰始九年，中書監荀勗校太樂八音不和，始知後漢至魏尺長於古四

分有餘。勗乃部著作郎劉恭依周禮制尺所謂古尺也。依古尺更鑄銅律呂以調聲韻以尺量古

器，與本銘尺寸無差。又汲郡盜發戰國時魏襄王冢得古周時玉律及鐘磬與新律聲韻闇同於

時郡國或得漢時故鐘吹新律命之皆應」梁武帝鐘律緯云『祖沖之所傳銅尺其銘曰「晉

泰始十年中書考古器揆校今尺長四分半所校古法有七品一曰姑洗玉律二曰小呂玉律三

曰西京銅望臬四曰金錯望臬五曰銅斛六曰古錢七曰建武銅尺姑洗微彊西京望臬微弱其

餘與此尺同。」此尺者勗新尺也今尺者杜夔尺也。雷次宗何引之二人

案此銘，卽晉書律歷志載，荀勗銘其尺之銘。

作鍾律圖所載荀勗校量古尺文與此銘同今以此尺爲本以校諸代尺。

考證

第一、荀勗造尺，以古器作校驗者有七，其中五曰銅斛，卽新莽嘉量，由嘉量測得之尺，卽新莽尺

度，七曰建武銅尺爲後漢尺度。由此證得新莽尺後漢尺及晉前尺三尺長度相等。荀勗律尺卽晉前

尺，自晉泰始十年至西晉末（民國前一六三八——一五九六）用之後爲祖沖之所傳故又名「祖

「冲之所傳銅尺」但非另爲一尺。第二、隋志所謂周尺根據有二,一因荀勗造尺依周禮所制,一因由

魏襄王冢中得玉律與荀勗之律相應。但荀勗造尺依周禮之制,並非有周尺爲實驗之證。而魏襄王

在周末戰國之時其時法制已亂,非復周初之制,認爲周末紊亂尺度之一可也。朱載堉曰:「漢平帝時劉歆所造,隋志謂律乃魏襄王所制,魏自文侯已耽鄭衛,而厭古樂,降至襄王則其時又可知也」。山堂攷索曰:「未能盡合古制」,不然,春秋以來,權度已正,夫子不必發「謹權量」之語矣。之晉前尺,蓋以晉荀勗所定,不可直認爲周尺,魏襄王冢中所獲玉律,乃晚周之物,不可便謂成周之律度。觀此二則,亦可知者亦未以爲周尺。參見前第五章第五節之四。

二、第二等尺有二(一)晉田父玉尺(二)梁法尺。

隋志說明世說稱有田父于野地中得周時玉尺,便是天下正尺,荀勗試以校己所治金石絲竹,

皆短校一米。梁武帝鍾律緯稱『主衣從上相承有周時銅尺一枚,古玉律八枚,檢主衣周尺東

昏用爲章信尺不復存玉律一口蕭餘定七枚夾鍾有昔題刻迺制爲尺以相參驗取細毫中黍

積次訓定今之最爲詳密,長祖冲之尺校半分」案此兩尺長短近同,

考證:

田父所得玉尺,不知究屬何代之制?與第一等尺所差不足一分,(不及全長百分之一。)當仍係新莽以後之

制，既未經諸代定爲尺制只可作新莽尺之又一證。梁法尺或名爲梁新尺蓋在制定之前，行使俗間尺。參見第十五等尺改。

三、第三等尺爲梁表尺。傳入於陳代，隋大業用之調律。

隋志說明：蕭吉云「出於司馬法梁朝刻其度於影表以測影」案此即奉朝請祖暅所算造銅主影表者也。經陳滅入朝大業中議以合古乃用之調律以制鐘磬等八音樂器。

考證

梁表尺與前梁法尺，則梁代已有二種尺度，表尺爲測影所用法尺爲通用之尺而表尺傳於陳，隋大業三年以後（民國前一三〇五——一二九四）又定爲律用之尺七節。參見下第

四、第四等尺有二(一)漢官尺(二)晉時始平掘地得古銅尺。

隋志說明：蕭吉樂譜云「漢章帝時零陵文學史奚景於冷道縣舜廟下得玉律度，之晉志·相傳謂漢官尺。爲此尺傳暢」晉諸公讚云「荀勖造鍾律時人並稱其精密唯陳留阮咸譏其聲高後始平掘地得古銅尺，歲久欲腐以校荀勖今尺短校四分時人以咸爲解」案此兩尺長短近同。

考證：

所謂玉律度及古銅尺，亦不能斷爲何代之物。玉律度云爲漢官尺，蓋出自僞造漢章帝時因有用之者不能即認爲後漢之制。參見前第六章第九節之一。掘地所得之古銅尺，或亦係漢章帝時外郡倣製者而二尺實可爲後漢尺增替之證。

考證：

五、第五等尺爲魏尺，杜夔所用調律尺之說明。參見第一等尺之說明。

考證：

晉前尺自晉泰始十年始定，則泰始九年以前（民元前一六四七——一六三九）當尚係魏尺。

六、第六等尺爲晉後尺，晉時江東所用。

說明：晉志謂：『元章後尺，晉時江東所用尺。』（民元前一五九五——一四八二）

七、第七等尺爲後魏前尺。

八、第八等尺爲後魏中尺。

九、第九等尺有三：（一）後魏後尺（二）北周市尺，（三）隋開皇官尺。

隋志說明：後魏初及東西分國後周未用玉尺之前，雜用此等尺。指七、八、九三等而言。甄鸞算術云：「周朝市尺，玉尺九分三釐。」或傳梁時有誌公道人作此尺寄入周朝云與多鬚老翁周太祖及隋高祖各自以爲謂己。周朝人間行用及開皇初著令以爲官尺百司用之絡於仁壽；大業中人間或私用之。

考證：

後魏前中後三等尺，自後魏初至西魏完北朝所用之尺但其間分用年代不可考，正所謂雜用者，北周承西魏，即以後魏後尺爲市尺，中斷。參見下第十一等尺故。至隋開皇復用以迄仁壽之終爲止（民國前一三三一——一三〇八）

十、第十等尺爲東後魏尺。北齊之尺同。

隋志說明：此是魏中尉元延明累黍用半周之廣爲尺。齊朝因而用之太和十九年，高祖詔以一黍之廣用成分體九寸之黍黃鍾之長以定銅尺典修金石迄武定未有論律者。

考證：

此尺分二朝，(一)自後魏太和十九年迄東魏武定間（民國前一四一七——一三六二二）所

用者。(二)北齊承東魏因而用之。

考證：

十一、第十一等尺有二(一)蔡邕銅籥尺。(二)後周玉尺。

隋志說明從上相承有銅籥一以銀錯題其銘曰『籥黃鍾之宮長九寸空圍九分容秬黍一千

二百粒稱重十二銖兩之爲一合三分損益轉生十二律』祖孝孫云『相承傳是蔡邕銅籥』

後周武帝修倉掘地得古玉斗以爲正器較斗造律度量衡因用此尺大赦改元天和，百司行用，

終於大象之末其律黃鍾與蔡邕古籥同。

考證：

蔡邕爲後漢末人其時所行用尺度，非前漢之制蓋蔡氏造一籥黃鍾律以明前漢之制。（參見前第六章第九

節之一。

北周初用市尺，（民國前一三五五——一三四六）至天和迄大象均用玉尺。（民國前一三

四六——一三三二）

十二、第十二等尺有三：(一)宋氏尺，齊梁陳三代因之以制樂律即錢樂之渾天儀尺，(二)北周鐵尺，(三)隋開皇初調鍾律尺又平陳後調鍾律水尺。

隋志說明；此宋代人間所用尺傳入齊梁陳以制樂律。周建德六年平齊後，即以此同律度量，頒於天下。其後宣帝時，達奚震及牛宏等議曰『今之鐵尺是太祖遣尚書故蘇綽所造當時檢勘用為前周之尺。驗其長短與宋尺符同即以調鍾律並用均田度地。今勘周漢古錢大小有合宋氏渾儀尺度每舛。』既平陳上以江東樂為善曰：『此華夏舊聲雖隨俗變改大體猶是古法』祖孝孫云：『平陳後廢周玉尺律使用此鐵尺律以一尺二寸即為市尺。』

考證：

南朝宋代通用尺，齊梁陳相承繼均以此等尺為樂律尺。而梁以法尺為通用尺表尺為測影尺。

北周通用尺初用市尺後用玉尺；而樂律、田度地均用此尺。(民國前一三五五——一三三五)

至建德六年（民國前一三五五）滅北齊又以此尺頒發為通用尺而玉尺百司仍行使之。隋開皇時通用尺曰官尺即北周市尺，此尺為調律用尺。

十三、第十三等尺為隋開皇十年（民國前一三二二）萬寶常所造律呂水尺。

考證：

隋志說明今太樂庫及內出銅律一部是萬寶常所造名水尺律。

十四、第十四等尺為趙劉曜渾天儀土圭尺，即所謂雜尺。

考證：

此尺只為考較律呂所造，並未行用。

十五、第十五等尺為梁俗間尺。

隋志說明：梁武帝鍾律緯云：『宋武平中，原送渾天儀土圭云是張衡所作，驗渾儀銘題是光初四年鑄土圭是光初八年作並是劉曜所制非張衡也制以為尺長今新尺四分三釐短俗間尺二分』新尺謂梁法尺也。

考證：

前趙光初四年鑄渾儀，八年鑄土圭以此二者制為尺相等，在劉曜制渾儀土圭之前當已有此尺度，是為前趙之尺。（民國前一五九四──一五八三）梁用法尺之前民間用尺為俗間尺。

# 第十六圖　魏至隋歷代尺之長度差異比較圖

| 民國前 | 朝代 | 別 用 | 以市尺表示長度 |
|---|---|---|---|
| 1692<br>1647 | 魏 | | 0.7236 市尺 |
| 1647<br>1639 | 晉 | | 0.7236 |
| 1638<br>1596 | 晉 | | 0.6912 |
| 1595<br>1482 | 東晉 | | 0.7335 |
| 1594<br>1583 | 前趙 | | 0.7257 |
| 1482<br>1323 | 南四朝 | 律之制<br>以晉尺用<br>宋齊梁陳<br>民間用 | 0.7353 |
| 1410<br>前後 | 梁 | 梁用尺<br>民間 | 0.7408 |
| 1410<br>1355 | 梁 | 新尺<br>法定 | 0.6960 |
| 1410<br>1355 | 梁 | 測影<br>用尺 | 0.7065 |
| 1355<br>1323 | 陳 | 測影用<br>因於梁 | 0.7065 |
| 1526<br>以後 | 後魏 | 尺<br>後魏<br>前 | 0.8343 |
| 1526<br>以後 | 後魏 | 中尺<br>後魏<br>後 | 0.8370 |
| 1526<br>後魏<br>西魏<br>1355 | 後魏 | 尺<br>後魏<br>後 | 0.8853 |
| 1417<br>後魏東魏<br>1362 | 後魏<br>東魏 | 之用大<br>後東魏<br>大年所尺<br>和十用之<br>改九 | 0.8991 |
| 1362<br>1335 | 北齊 | | 0.8991 |
| 1355<br>1346 | 北周 | 市尺即<br>北周後<br>後魏尺<br>即 | 0.8853 |
| 1346<br>1331 | 北周 | 用玉尺<br>天和改元<br>頒用 | 0.8004 |
| 1355<br>1335 | 北周 | 地用尺<br>調鐘律及<br>田量 | 0.7353 |
| 1335<br>1331 | 北周 | 用鐵尺<br>建德六年<br>頒用 | 0.7353 |
| 1331<br>1306 | 隋 | 市尺即北周<br>開皇官尺 | 0.8853 |
| 1323<br>1306 | 隋 | 律用尺即北周<br>開皇調鐘<br>呂尺鐵尺 | 0.7353 |
| 1322 | 隋 | 萬寶常樣<br>水尺 | 0.8157 |
| 1305<br>1294 | 隋 | 用之<br>大業三年<br>頒 | 0.7065 |

以市尺表示長度

1市寸　2　3　4　5　6　7　8　9　一市尺

以上諸代尺度，本以新莽嘉量之度為比較之主。由嘉量器上較得一尺之長度，與前第三章所定新莽尺長度之標準數自不能完全相符但其相差甚為微細今為前後比較之標準一致，故仍以前所定新莽尺長度之數計之。茲將考證結果列一表如次：

第四三表　魏至隋歷代尺之長度總表

| 民國紀元前 | 朝代 | 尺等 | 以新莽尺為準之百分比率 | 一尺合公分數 | 一尺合市尺數 | 備攷 |
|---|---|---|---|---|---|---|
| 一六九二—一六四七 | 魏 | 五 | 一〇四·七〇 | 二四·一二 | 〇·七二三六 | |
| 一六四七—一六三九 | 晉 | 五 | 一〇四·七〇 | 二四·一二 | 〇·七二三六 | |
| 一六三八—一五九六 | 晉 | 一 | 一〇〇·〇〇 | 二三·〇四 | 〇·六九一二 | |
| 一五九五—一四八二 | 東晉 | 六 | 一〇六·二〇 | 二四·四五 | 〇·七三三五 | |
| 一五九四—一五八三 | 前趙 | 一四 | 一〇五·〇〇 | 二四·一九 | 〇·七二五七 | |
| 一四八二—一三二三 | 南四朝（宋齊）（梁陳） | 一二 | 一〇六·四〇 | 二四·五一 | 〇·七三五三 | 宋民間用尺，齊梁陳以之制樂律。 |
| 一四一〇前後 | 梁 | 一五 | 一〇七·一〇 | 二四·六六 | 〇·七四〇八 | 梁民間用尺。 |

| 年代 | 朝代 | 號 | | | | 說明 |
|---|---|---|---|---|---|---|
| 一四一0—一三五五 | 梁 | 二 | 一00·七0 | 二三·二0 | 0·六九六0 | 梁法定新尺。 |
| 一四一0—一三五五 | 梁 | 三 | 一0二·二一 | 二三·五五 | 0·七0六五 | 梁測影用尺。 |
| 一三五五—一三二三 | 陳 | 三 | 一0二·二一 | 二三·五五 | 0·七0六五 | 陳因於梁測影用。 |
| 一五二六以後 | 後魏 | 七 | 一二0·七0 | 二七·八一 | 0·八三四三 | 七、八、九、三等尺為北魏雜用尺。 |
| 一五二六以後 | 後魏 | 八 | 一二一·一0 | 二七·九0 | 0·八三七0 | |
| 一五二六以後 | 西後魏 | 九 | 一二八·一0 | 二九·五一 | 0·八八五三 | |
| 一四一七—一三六二 | 東後魏 | 一0 | 一三0·0八 | 二九·九七 | 0·八九九一 | 此為太和十九年所頒之大尺，東後魏用之。見第六節其長，參之之比數見下，參之第八 |
| 一三六一—一三二五 | 北齊 | 一0 | 一三0·0八 | 二九·九七 | 0·八九九一 | 節度之四。 |
| 一三五一—一三二一 | 北周 | 九 | 一二八·一0 | 二九·五一 | 0·八八五三 | 北周通用之市尺，即北周後尺。 |
| 一三四六—一三二六 | 北周 | 九 | 一一五·八0 | 二六·六八 | 0·八00四 | 北周天和改元頒用玉尺。 |
| 一三五一—一三二一 | 北周 | 一二 | 一0六·四0 | 二四·五一 | 0·七三五三 | 調鍾律均田地用尺。 |
| 一三五一—一三三一 | 北周 | 一二 | 一0六·四0 | 二四·五一 | 0·七三五三 | 北周建德六年頒用鐵尺。 |
| 一三三二—一三0六 | 隋 | 九 | 一二八·一0 | 二九·五一 | 0·八八五三 | 開皇通用之官尺，即北周市尺。 |

| 一三二三—一三〇六 | 隋 | 一二 | 一〇六・四〇 | 二四・五一 | 〇・七三五三 | 開皇調鐘律用尺卽北周鐵尺。 |
|---|---|---|---|---|---|---|
| 一三二二 | 隋 | 一三 | 一一八・〇〇 | 二七・一九 | 〇・八一五七 | 萬寶常律呂水尺。 |
| 一三〇五—一二九四 | 隋 | 三 | 一〇二・二一 | 二三・五五 | 〇・七〇六五 | |

## 第二節　南北朝度量衡制度總論

觀前節考證，知自後漢末迄於隋朝，諸代尺度長短之間至爲複雜，然尺度之增率尚不過十之三。至於量衡，則複雜尤甚增率更大。隋志曰：『梁陳依古齊以古升一斗五升爲一斗，隋志原載爲「齊以古升五升爲一斗」「五升」二字上，應有「一斗」二字，見下第八節之三。以古稱一斤八兩爲一斤，開皇以古斗三升爲一升，古稱三斤爲一斤，大業中依復古制』此可見朝與朝之間量衡增損有及倍者，而隋朝一代紀年縱三十，前後相差竟至三而一，此誠屬創聞輕視法度之甚於此爲極。而中國度量衡至是增損訛替任意變更其不統一之實際情形於此已可見一斑。

王國維曰：『據前比較之結果，謂此比較歷代尺度之長短，隋志所載諸代尺亦在內。則尺度之制，由短而長殆成定例而其增

上編　第七章　第三時期中國度量衡

率之速，莫劇於東晉後魏之間三百年間幾增十分之三。求其原因實由魏晉以後以絹布爲調，而絹布之制率以二尺二寸爲幅，在論由絹布增制之由，非攷幅度之制。四丈爲匹官吏懼其短耗又欲多取於民，故尺度代有增益北朝尤甚案隋志謂魏及周齊貪布帛長度故用土尺今徵之魏書高祖紀太和十九年詔改長尺大斗又楊津傳延昌末津爲華州刺史先是受調絹匹度尺特長在事因緣共相進退百姓苦之，津乃令依公尺度案自太和末至延昌不及二十年而其弊已如此。」蓋尺度增長之因實由於此。然此乃據諸代尺度實用之器而較得者，隋書律歷志成於唐李淳風南北朝諸代之尺至唐世大牛尙存，乃依實物較得者，王氏亦曰：「唐李淳風撰隋書律歷志其所據者大牛實物也。」顧此多數實器乃爲器之量當時尺度之定制並非如此之無有標準者但制久失修增損訛替官欲多取於民反視其所增者以爲定制吾人之研究一面要考其致訛之由一面仍當考求當初定制之本。詳後各節。

然後庶幾有所準。南北朝諸代尺度致訛之由固原於官吏多取於民。不可即以其增訛之尺視爲各代原本定制之準度；而各代每以其增訛後之度定爲當代之制此又不可忽略者明於此種「因果關係」於中國度量衡之考證尤以考本時期內度量衡實有至大之

裨益。

尺度之增益，由於多取民之帛量衡之增益，亦莫不然。顧布手知尺而尺者識也尺度之長短，每可以目視成大約之準則，如長度本爲一尺，今若增長至寸以上視之卽爲過一尺，故尺度之增其數必不過巨至於量衡則不然視之無準則取之無定法欲爲蒙被卽陡增及一倍，亦不易察覺，故南北朝迄隋代量衡之增益則達至三倍在此短時期間增損之甚卽由於此。范景仁曰：

『量之大蓋出於魏晉以來之貪政。』司馬光補其意曰『尺、量、權衡，自秦漢以來變更多矣；彼貪者，知大其量以多取人穀亦知大其尺以多取人帛大其權衡以多取人金。』尺度之增爲多取民帛量衡之增自亦爲多取民穀與民金此皆增訛之由也。

第三節　三國度量衡

三國全代，對於度量衡之制，無有規定其時所行使度量衡之器，乃爲新莽之制經後漢增替以至其世實際之結果者。晉荀勗較度始知後漢至魏尺長於古<small>所謂古者，只有莽之實制。</small>四分有餘此卽新莽尺經

後漢至三國魏世增訛實至之長度。魏世杜夔以此尺度調律，故隋志謂之杜夔尺實非魏世所定，而

魏世實用之尺度如此，故用之以為定度。晉書律歷志曰『杜夔所用調律尺，比新莽尺即嘗前尺，合得

一尺四分七釐。魏景元四年劉徽注九章云：「王莽時劉歆斛弱於今尺四分五釐，比魏尺其斛深

九寸五分五釐」即荀勖所謂今尺長四分半是也。』王國維曰「上虞羅氏又藏魏正始弩機亦有

尺度，較建初尺微長殆即隋書律歷志所謂杜夔尺也。」後漢建初尺為隋志所謂漢官尺之傳制比

新莽尺一尺○三分○七毫，今魏正始弩機尺，比建初尺略長，與杜夔之調律尺蓋實相合也。於此可

證魏世尺度之制

　　晉書律歷志：『魏陳留王景元四年，劉徽注九章商功曰：「當今大司農斛，圓徑一尺三寸五分

五釐，深一尺，積一千四百四十一寸十分寸之三。王莽銅斛，於今尺為深九寸五分五釐徑一尺三寸

六分八釐七毫；以徽術計之，於今斛為容九斗七升四合有奇。」此魏斛大而尺長王莽斛小而尺短

也。」依現在通用圓周率計之，魏斛積為一四四二·○一四立方寸，新莽嘉量斛積為魏尺一四○

五·一一二立方寸，實合魏斛九斗七升四合四勺。新莽尺比魏尺為九寸五分五釐，新莽斛比魏斛

為九斗七升四合四勺，故曰「魏斛大而尺長，王莽斛小而尺短。」然魏斛魏尺所大所長並不過巨，

此實由新莽制經後漢增替之結果也。

王國維曰：「上虞羅氏舊藏帝武弩機其望山上有金錯小尺，與建初尺長短略同。」則蜀漢之

尺度，與魏亦略相近。此又可證蜀漢之尺度亦由後漢尺度增益所致。三國時度量衡他雖無可考，然

至此實可證其全由莽制經後漢二百年間之增訛而其器量略增耳。

## 第四節　兩晉度量衡

晉承魏國之初，制無改革其所用者即魏世之器。至『武帝泰始九年（民國前一六三九）中

書監荀勖校太樂八音不和，始知後漢至魏尺長於古四分有餘，乃依周禮制尺，以尺量古器與本銘

尺寸無差。』此泰始十年（民國前一六三八）事。勖於尺上刻一銘共八十二字如左

銘曰晉泰始十年中書考古器揆校今尺長四分米。所校古法有七品：一曰姑洗玉律二曰小呂

玉律三曰西京銅望臬四曰金錯望臬五曰銅斛六曰古錢七曰建武銅尺姑洗微彊西京望臬

微弱，其餘與此尺同。

荀勖制尺，所校古法有七，皆依實在之物。晉武帝以勖律與周漢器合，故施用之。此蓋爲考定之

度制，一矯新莽以後依增替之器爲制之謬。惟晉代對於度量衡亦不注重，除此校律定尺而外，餘無

設施，此尺雖經施行，然當時一班無識之士已無創造之能任意詆排譏毀致實際並不能通行。

晉書律歷志云：『荀勖依尺更鑄銅律呂，以調聲韻，……荀勖造新鍾律，與古器諧韻，時人稱其精密；惟散騎侍郎陳留阮咸譏其聲高，聲高則悲，非興國之音，亡國之音……』此種譖語，影響於其尺之施行，至爲重大

；而況施行之後，『始平掘地，得古銅尺，歲久欲腐，不知所出何代，果長勖尺四分，時人服咸之妙，而莫能屈意爲

』。攷此古銅尺，不知所出何代，本不可依以爲準，惟因其與時下魏世所傳之尺相合，時人反以爲然，因是新尺度之

施行，發生極大障礙，故卒未得通行。

晉書律歷志：『元章後江東所用尺，比荀勖尺一尺六分二釐。趙劉曜光初四年鑄渾儀八年鑄

土圭其尺比荀勖尺一尺五分。荀勖新尺惟以調音律，至於人間未甚流布故江左及劉曜儀表並與

魏尺略相依準』於此足證勖新造之尺，未能通行，而流行增訛之尺，仍其舊例。元帝後江東所用

尺，又比魏尺增訛一分五釐，而前趙劉曜鑄渾儀土圭，其尺度亦比魏尺增三釐。總之，新制未得通行，

一惟增訛之舊慣，而其世尺度無有定制只有反以其尺，觀其時之度也可。

兩晉尺度之制增於新莽制亦乃訛傳之誤量衡之制不可考然蓋亦仍魏舊也。

## 第五節　南朝度量衡

南朝宋接東晉之後，宋齊梁陳又相承繼，其世之尺度，亦由增訛舊例。隋書律歷志第十二等宋氏尺比晉前尺一尺六分四釐注曰『此宋代人間所用尺傳入齊梁以制樂律與晉後尺 即元帝後江東所用尺。劉曜渾天儀尺略相依近當由人間恆用增損訛替之所致也』宋尺比東晉尺略增二釐蓋一仍人間行用增訛之慣例可知當時尺度並無定制卽以其時下實用之器爲其世之代表制者也。

梁武帝鐘律緯稱『主衣從上相承有周時銅尺一枚，古玉律八枚檢主衣周尺，東昏用爲章信，尺不復存玉律一口蕭餘定七枚夾鍾有昔題刻迺制爲尺以相參驗取細毫中黍積次訓定今之最爲詳密長祖冲之尺 卽晉荀勗尺。校半分。』梁代承宋之尺祇爲制驗樂律之用，梁武帝則能考定新制其考尺度取法有三：其一爲古器其二爲積毫其三爲累黍所考定之尺，比新莽尺只長半分。梁世增訛

之尺已長至七分一釐，梁俗間尺。梁武帝考定尺制，則非依增訛之器，此乃爲本時期自荀勗定新尺制

後之第二次考定制度之舉，隋志名之曰梁法尺稱謂亦當。

梁朝未定法尺以前民間用尺較之由宋齊傳入之尺又有增益，此即比晉前尺一尺〇七分一釐之俗間尺。隋書律歷志第十五等尺曰：『梁朝俗間尺長於梁法尺六分三釐於劉曜渾儀尺二分，

實比晉前尺一尺七分一釐』是梁朝民間俗用之尺又比宋齊傳入者增長七釐。武帝既考定新制，

則此俗用尺當廢止之。

梁朝定法尺之外又定影表尺，專用以測影，非通用之尺，其尺度較晉前尺一尺二分二釐一毫

有奇。隋志謂：『蕭吉云「出於司馬法，梁朝刻其度於影表以測影」案此即奉朝請祖暅所算造銅

圭影表者也』是尺之度較新莽尺制所增之數，不過二分有奇當非由增訛所致者，而其度數小至

毫位尚曰有奇故隋志謂『即奉朝請祖暅所算造者』

南朝量衡之制無詳細考證，隋志曰：『梁陳依古齊以古升一斗五升爲一斗，古稱一斤八兩爲

一斤』此不過大概言之。然量衡亦必無定制所云增損之數又不過訛替實際之量者也。

## 第六節 北朝度量衡

北朝度量衡增訛之率，遠甚於南朝，其因即在多取於民，北朝貪政甚於南朝之故。前第二節引王國維之論已可見其概略。南朝尺度之增較新莽制不及寸量衡亦不過倍。而北朝則不然。尺度增二寸至三寸以上。量衡增二倍至三倍之間其貪政之甚即此可見一斑。

隋書律歷志載第七、八、九三等尺為後魏前中後三尺其比晉前尺由一尺二寸〇七釐而一尺二寸一分一釐至一尺二寸八分一釐三尺均比新莽制增二寸以上其時南朝俗間所行用增訛之尺亦有三可與後魏三尺相較其一為晉後尺其二為宋氏尺傳入齊梁陳其三為梁俗間尺此三尺比晉前尺由一尺〇六分二釐而一尺〇六分四釐至一尺〇七分一釐均比新莽制所增不及一寸。而南朝三此二者增訛之差點一北朝後魏三尺間之增率中尺比前尺增四釐後尺比中尺增七分。而南朝尺間之增率，宋氏比晉後增二釐梁俗比宋氏增七釐又比北朝所增者少此二者增訛之差點二於是可知北朝尺度增訛遠甚於南朝蓋根本無有定制者。孔穎達左傳正義曰「魏齊斗稱於古二而

為一周隋斗稱於古三而為一。」此又可見量衡之數增訛尤甚於度也。

北朝對於尺度之制亦曾經考定然其考定之長度較增訛者尤長。隋書律歷志載，第十等東後

魏尺實比晉前尺一尺三寸八毫〔隋志原載為「一尺五寸八毫」，「五」字為「三」字之誤，見下第八節之四。〕其說明曰，魏書律歷志云：「公孫

崇永平中更造新尺以一黍之長累為寸法尋太常卿劉芳受詔修樂以秬黍中者一黍之廣即為一

分；而中尉元匡以一黍之廣度黍二縫以取一分三家紛競久不能決。太和十九年高祖詔以一黍之

廣用成分體九十之黍黃鍾之長以定銅尺。有司奏從前詔而芳尺同高祖所制故遂典修金石迄武

定未有論律者。」觀此可知此尺度原定於後魏孝文帝太和十九年（民國前一四一七）用橫累黍

所定至後有縱累橫累斜累三法尺度自有長短有司以橫累之法合孝文帝之詔故奏從前詔，

以之典修金石所謂「有司奏從前詔」此有司之奏為東後魏之世故曰東後魏尺。此亦為北朝考

定尺度之制非僅仍增訛之例者。

晉荀勖考定尺制所校古法有七品。梁武帝考定尺制取法有三而所校古器僅有一其三為累

黍。後魏考定尺制則僅憑累黍其法自不如前之密。故所考得之尺失之太長然較之僅仍增訛之例

者，則又勝一籌。

《魏書律曆志》曰：「景明四年（民國前一三〇九）並州獲古銅權詔付公孫崇以為鍾律之準。永平中崇更造新尺……」考前言公孫崇造新尺即以此古銅權為準。此古銅權即隋志所載：「後魏景明中並州人王顯達獻古銅權一枚」者是乃新莽之權器。隋志曰：「其時大樂令公孫崇依漢志先修秤尺。及見此權以新稱稱之，重一百二十斤。」據此可證後魏權衡之制實與新莽制合。然則新莽度量之制自後漢以後已代有增益其權衡之制自後漢至南北朝均無變更耶？

北齊承東後魏之政，故北齊之尺制亦承東後魏之尺度。隋志第十等尺又說明曰：「齊朝因而用之。」此所謂齊朝，自指北齊而言孔穎達《左傳正義》曰：「魏齊斗稱於左三而為一」此亦指北朝之魏齊。孔氏言量衡，魏齊並稱周隋亦並稱故孔氏之謂魏齊即北朝之魏齊又隋志言量衡係齊梁陳並稱，自係指南朝而隋志所載之數與孔氏所言之數不同即南朝北朝之別也魏書太祖本紀：「天興元年八月詔有司平五權較五量定五度。」天興元年（民國前一五一四）乃後魏與國之後

第十三年其時尚在後魏初紀，實用之尺度，尚係前尺，而其平權較量定度，蓋非依前尺，或係全依新莽之制考之。不過雖有此詔實際並未實行其實用之尺，仍相繼爲前、中、後三尺，又高祖本紀：「太和十九年六月戊午詔改長尺大斗依周禮制度頒之天下。」所謂長尺卽東後魏尺之度，大斗卽二倍於古之量。不過當時詔令是否卽能實行，蓋尚未必不然何以高祖詔頒之長尺，而隋志注爲東後魏尺？此可見長尺大斗自東後魏始見諸實行，至北齊因而用之。又考後魏景明中獲莽權與後魏新稱景明已在太和之後則太和十九年詔改長尺大斗權衡必未改制故孔氏言魏齊之量衡實自東後魏爲始而有魏齊之升斗與斤兩之制二倍於古之紀載而齊朝度量衡之器本承魏之遺故二朝之器相承無有變更，則可斷定

後魏前、中、後三尺自後魏初已用，至西後魏所用者，蓋祇爲後尺。北周承西後魏之制其尺度卽用後尺此亦爲仍增訛之慣例，而行用之，非考定之制。後魏後尺因北周用之，故隋志又稱曰後周市尺，而其說明亦曰：「周未用玉尺之前人間行用此等尺。」

北周行用玉尺實爲北朝尺度重大之改革亦爲本時期自後魏後第四次考定尺度之制。隋書

律歷志曰：「後周武帝保定中，詔遣大宗伯盧景宣、上黨公長孫紹遠、歧國公斛斯徵等，累黍造尺，縱橫不定後因修倉掘地得古玉斗以為正器較斗造律度量衡因用此尺大改元天和，百司行用，終於大象之末。」觀此可知北周武帝確曾考定尺制惟亦仍累黍之法故縱橫不定而其考定之關鍵，則在掘得古玉斗因以造度量衡並改元天和（民國前一三四六）蓋以其中天和之範圍僅限於官司而民間行用者蓋仍為市尺故隋與得以周市尺命為官尺參見前第一節。

北周量衡亦依玉斗改制。隋書律歷志曰：「後周武帝保定元年（民國前一三五一）辛巳五月，晉國造倉獲古玉斗暨五年乙酉冬十月詔改制銅律度逐致中和累黍積籥同茲玉量與衡度無差准為銅升用頒天下，」於此更知北周因得古玉斗更造銅質度量衡標準器頒發天下以為定制。此北周第一次改制頒行。然其尺之制仍參以累黍積籥之法。銅升上錯一銘文曰：「天和二年丁亥正月癸酉朔十五日戊子校定移地官府為式」玉斗亦加一銘文曰：「維大周保定元年歲在重光；月旅蕤賓晉國之有司修繕倉廩獲古玉斗形制典正若古之嘉量太師晉國公以聞勅納於天府暨五年歲在協洽皇帝乃詔稽準繩考灰律不失圭撮不差累黍遂鎔金寫之用頒天下以合太平權衡

度量。

「北周以玉斗改制其度一尺，得晉前尺一尺一寸五分八釐；量一斗內徑玉尺七寸一分，深二寸

——隋書律歷志載稱：「玉斗積玉尺一百二十寸八分有奇，斛積一千一百八十寸五分七釐三毫九抄」，依現在通用圓周率計得之數，與

八分，積一一○‧八五七六三九二立方寸；

此所差亦至微，茲以現在計得之數為準。

衡四兩當古稱四兩半。在改制之先其時增訛之市尺實長晉前尺一尺二寸八分

一釐保定中雖然得此古玉斗但其制為尺度仍參以累黍之法此其一；而考定一制，必不離現實，當

時實用之尺增率既長至二寸八分以上其考定之尺僅長至一寸五分八釐之數，此在當時考定者固以

為正度此故玉斗尺之度較新莽尺仍長至一尺一寸五分八釐之數至所謂古玉斗以量衡二制

觀之，或為新莽以後之物，玉斗一升之容積較莽量所大不過一二‧四公撮增率僅為百分之六而

衡四兩當古四兩半所謂古者即莽之制。參見下第八。則是依玉斗量衡之制所增於莽者並不多，而尺

度之增實由當時市尺之度已太長故也。

又隋書律歷志曰：「甄鸞算術云「玉升一升得官斗一升三合四勺，」此玉升大而官斗小

也。」此謂官斗當係北周未改玉斗制以前所行用之官斗其量又小於玉斗之制官斗一升實合玉

斗一升一百三十四分之一百。

北周統一北方之後尺度又改制而行用鐵尺量衡則仍舊。隋書律歷志載第十二等尺後周鐵尺同其說明曰：『周建德六年（民國前一三三五）平齊後即以此同律度量頒於天下。』又曰：『後周玉斗並副金錯銅斗及建德六年金錯題銅斗實同。』此為北周第二次改制頒布施行其所改者僅尺度之制量制雖另造銅斗但一仍玉斗之制即以此鐵尺銅斗頒於天下故曰『同律度量。』其不言衡者蓋權衡則仍玉權之制而未另為製造頒發耳。

鐵尺之度亦由考定者。隋書律歷志曰：『宣帝時達奚震及牛宏等議曰：「竊惟權衡度量經那懋軌，誠須詳求故實考校得衷謹尋今之鐵尺是太祖遺尚書故蘇綽所造當時檢勘用為前周之尺，驗其長短與宋尺符同即以調鍾律並用均田度地。……」是蓋鐵尺之度定於周初用以調鍾律並均田度地皆朝廷行用者。至建德六年始以之頒於天下。北周鐵尺與宋尺符同實比晉前尺一尺六分四釐鐵尺一尺二寸為市尺之一尺。北周民間行用之尺初本用市尺至是改用鐵尺蓋以其度合於南朝，而前此之尺度增訛太甚故以之頒於天下此又為北朝尺度第二次大改革第一次由一尺

二寸八分一釐改爲一尺一寸五分八釐；第二次，改爲一尺〇六分四釐。至是南北兩朝之尺度，已屬相同即其增訛之率一除北朝劇速增加之變態也。

## 第七節　隋代度量衡

隋承禪北周之政尺度一仍北周之制。隋書律歷志曰：「後周市尺，開皇初著令以爲官尺，百司用之，終於仁壽」又曰：「旣平陳，上以江東樂爲善曰：「此華夏舊聲雖隨俗變改，大體猶是古法」祖孝孫云：「平陳後廢周玉尺律便用此鐵尺律以一尺二寸卽爲市尺。」據此可知隋平定北方之後以北周市尺頒布施行平定南方之後以北周鐵尺合南北兩朝之度故以之調律官民實用之尺則仍爲市尺之度，卽隋之官民尺。（北周市尺爲律尺。北周鐵尺）之一尺二寸此鐵尺律較當時所謂古法卽新莽之制所增有限，故曰「雖隨俗變改，大體猶是古法。」所謂「隨俗變改」者，卽增訛之意謂非由於考定之制所增者。又祖孝孫謂「平陳後，廢周玉尺律」蓋北周玉尺，自頒布之後民間並不通行，及傳入隋均僅爲調律之用。至隋平定南方之後始廢之而改用鐵尺調律此當爲開皇九年（民國前

（二三二三）之事。

《隋書律歷志》曰：「今太樂庫及內出銅律，一部是《開皇十年《萬寶常所造，名水尺律，實比《晉前尺一尺一寸八分。」調律之尺，《開皇九年已改用鐵尺，此尺在《開皇十年所造其度較《北周玉尺律約長，是蓋《萬寶常造尺之時又參以玉尺較驗此水尺僅間用以調律而鐵尺並不廢。

《隋文帝一承當時「隨俗變改」之制，至《煬帝則好古大業三年（民國前一三〇五）四月壬辰，改度量權衡並依古式惟《煬帝雖稱好古但未有創作，並無定制其所謂古者亦當時「隨俗變改」之古制較之《新莽則遠遜矣。《隋書律歷志》曰：「《梁表尺經《陳滅入朝，《大業中議以合古乃用之調律以制鐘磬等八音樂器」蓋《煬帝以《梁表尺乃依銅圭影表所制其長度比《荀勗尺所考定亦謂爲合古之尺所差有限故以之調律至是鐵尺律必已廢而專用表尺民間所用當亦以表尺頒布不過仍多私用《開皇官尺，《隋書律歷志》曰：「《開皇官尺大業中人間或私用之」即其證也。

《隋書律歷志》曰：「《開皇以古斗三升爲一升古稱三斤爲一斤；大業中依復古制。」《隋朝僅二世，而量衡之制則有二次大變更，《文帝之量衡三倍於古，《煬帝復古制。《孔穎達左傳正義曰：「《周《隋斗稱

於古三而爲一」蓋即指隋文帝之世而言至於北周所用爲玉稱四兩合古之四兩半所大於古者，僅八分之一所謂「於古三而爲一」必非周制；不然，隋志何以無此文？此蓋因隋志謂文帝之斗稱於古三而爲一隋承周後，文帝之尺度本因於周因是斗稱之制，孔氏亦周隋並稱也歟？

南北朝度量衡增替之大紊亂之甚實至已極其增替之事，蓋又每爲官吏之所爲，而人民每無所適從。隋書律志謂：『趙煚爲冀州刺史爲銅斗鐵尺置之於肆百姓便之上聞令頒之天下以爲常法。』

故置斗尺之標準器而人民有所準行用爲方便矣。

## 第八節 第三時期度量衡之推證

### 一、 隋書律歷志所謂古制之考證

隋書律歷志每言及「古制」但並未說明係何代之制例如：

（一）荀勖校太樂八音不和始知後漢至魏尺長於「古」四分有餘；

（二）梁陳依「古」齊以「古」升一斗五升爲一斗「古」稱三升爲一斤；

(三)開皇以「古」斗三升爲一升,「古」稱三斤爲一斤,大業中依復「古」制。

考後漢本承新莽之遺制至建初尺度已漸差訛而增長及至魏世增長四分有餘。荀勖校尺一

則曰、後漢至魏尺長於「古」四分有餘;再則曰中書考古器所校古法有七品五曰銅斛六曰古錢

銅斛古錢即新莽之制前已考證。而又明曰後漢至魏長於「古」,則其所謂「古」者爲自新莽

爲始。自無疑義。故荀勖所謂古尺者新莽尺也此其一新莽改制下最大決心前漢之制已爲毀滅無

餘,而又頒發標準器於各郡,至百份以上是故直接傳於後世之標準器者(出土發見者自爲例外),亦爲新莽之器。

如隋書律歷志,即載明新莽嘉量二次傳見於魏晉之世,新莽衡權亦二次傳見於後趙後魏之世除

新莽之物外,其餘掘土發見之物均未曾斷定朝代,此即明證。而所謂依「古」者倍「古」者又必

依實器校驗則其所用以校驗之古器,自必爲莽制,此其二。又新莽改制號稱依古後世亦多以實依

古目之故所謂古即指新莽之制。如荀勖謂新莽制爲古即其明證,此其三。故隋志所謂古制實即新

莽之制。知於此,而後其比較之值,庶得有所依準。

二、由荀勖尺論及周漢制之考證

荀勗依周禮制尺號稱合古周之度，並證以魏襄王冢中所得玉律及鐘磬又曰：「於時郡國或

得漢時故鐘吹律命之皆應」因是秤其與周漢之器合關於合周一節已明於前節之四。而謂合

漢亦須推證考荀勗考古器有七品一曰姑洗玉律二曰小呂玉律朱載堉曰「梁武帝鐘律緯云.

「古五律八枚惟夾鐘有題刻餘無題刻」荀勗求諸無題之姑洗小呂不能的知何律比較長短與

彼偶同吹或應之因謂相協。」荀勗考古器之第一第二兩品不知出於何代不能謂爲合周或合漢。

至其第三第四兩品爲望桌前人已謂爲新莽之制者故荀勗之尺實乃合莽制非合前漢之制亦非

合古周之制至以此而謂與周漢兩代制合實屬不經之論。

三、南齊升容量之考證

隋書律歷志曰『齊以古升五升爲一斗。』新莽量制，一升容量合一九八・一公撮，齊制若爲

莽制之一半則齊一升僅合九九・一公撮相當今之一合然考南北朝之世度量衡之大小均有增

益未聞有減少。隋志下文有曰：『齊以古稱一斤八兩爲一斤』蓋齊制量衡之大小均爲莽制之一

倍半衡制爲然量制亦然又隋志言量衡，梁陳並稱其斗及稱均依古齊之斗及稱，自係均爲古之一

倍半。故齊制一升之容量爲莽制之一升半卽「齊以古升一斗五升爲一斗」今本隋志「五升」之上無「一斗」二字者蓋隋志非本無「一斗」二字乃後世之漏傳。

四、 東後魏尺長度之考證

隋書律歷志曰「東後魏尺實比晉前尺一尺五寸八毫」據馬衡考證五寸之「五」字當作「三」嘗考一制之立一事之與不可忘記現實雖極大之改革及至實施之後亦必多遷就現實當後魏之後尺比晉前尺一尺二寸八分一釐今此東後魏尺度原制於後魏之中葉其時實用之尺或爲中尺最長亦不過爲後尺。北朝尺度之增率固甚速然前中後三尺之增率已甚明顯此東後魏尺長度卽由後尺增長亦當不至增二寸以上再東後魏尺又憑橫累黍所定卽在南北朝之世由累黍定尺或驗度爲梁法尺北周鐵尺等其長度所長於晉前尺者均不過寸然此等尺與當時現實之尺度亦均略相當。爲今東後魏尺必當與後魏後尺之度相當則馬衡之考證是卽東後魏尺實比晉前尺一尺三寸八毫。

五、 吳大澂蜀漢建與弩機尺之考證

吳氏藏有建興弩機一，其形如圖。

第 一 七 圖　蜀漢建興弩機圖

二一四

吳氏曰「據其分數定為蜀漢尺較周鎮圭尺，當時必有所本」考三國盛行弩機，亦刻分數，此弩機題有建興八年（民國前一六八二）當時蜀漢之度乃三分進度，由三而六而十二者，非十分整分之度當時刻此度者未必據當時實用尺度之分數，吳氏依此弩機定蜀漢尺度，乃係以其分積十命為寸，由是而為尺其長度較古今最短之周尺猶短半分據圖實測推其一尺僅得一九一‧六公釐王國維曰「上虞羅氏舊藏有章武弩機其望山上有金錯小尺與建初尺長短略同」則建與時蜀漢之尺度當不如是之短吳氏命其分數進十為寸恐有誤也。

若以其自然分法，十二分為一寸，如淮南子紀數以十二之例，（十二粟而當一寸，十寸而當一尺）。則計其十寸為尺之長度，當合二三〇公分與新莽尺度近同，是俞可證。然建與是否以十二分命寸，此俞為一疑也。

## 六、仿造晉前尺之考證

王國維曰「世所謂晉前尺拓本皆出王復齋鍾鼎款識國朝清諸大家，皆以為是眞晉尺。然其銘詞，則曰「周尺、漢志劉歆銅尺、後漢建武銅尺、晉前尺、並同」凡一十九字，與隋書律歷志所載晉前尺銘不合。」此晉前尺據吳大澂摹入之圖如左。

吳氏曰：『據阮刻王復齋鍾鼎款識宋拓本摹入短於建初六年慮俿銅尺二分強。』吳氏亦據王復齋鍾鼎款識，並據其摹入圖上之銘詞，則吳王二氏所謂晉前尺同此一尺。王氏又曰：『且此尺苟為荀勗所制，尤無自稱晉前尺之理，疑為宋人仿造余考之宋史律歷志，知卽宋高若訥所造隋志十五種尺之一（參見下第八章第七節。）』吳氏亦曰『宋拓本摹入』是為宋人仿造無疑。吳氏謂短於建初六年慮俿銅尺二分強依慮俿尺圖測得之數二三五・四公釐計之，此尺度正合荀勗造尺之長，是蓋宋高若訥本用新莽貨泉尺寸以仿造者。據吳氏所摹後漢建初六年尺，與此晉前尺，二尺圖長度之間，然此不合者，乃摹入時之差。又宋史律歷志載：『高若訥卒用漢貨泉度尺寸依隋書定尺十五種上之藏於太常寺一、「周尺與漢志劉歆銅斛尺後漢建武中銅尺晉前尺同」』……』此與王吳二氏所記此尺之多「與」「斛」「中」三字而少一「並」字故此尺為宋高若訥所仿制其長度雖合晉前尺，然非晉荀勗所制者。

# 第八章　第四時期中國度量衡

## 第一節　唐宋元明度量衡制度總考

本時期開始爲唐代，唐承隋之後度量衡之制，本仍隋之舊，此乃爲本時期與第三時期中國度量衡關鍵之所在，亦卽爲本時期度量衡制度之總關鍵，今考明之。

唐會要：『武德四年，鑄開元通寶錢徑八分重二銖四絫』開元錢鑄於唐代開國後武德四年，（民國前一二九一）其時未聞有改定度量衡之舉，則所謂錢之徑及重，必用隋朝舊制，此其一。唐六典有積秬黍爲度量權衡，然後以一尺二寸爲大尺三斗爲大斗三兩爲大兩又曰『凡積秬黍爲度量權衡者，調鍾律測晷景合湯藥及冠冕則用之，內外官私悉用大者』其言積秬黍者，非唐代之定制乃後之著書仿漢志之說。參見下第二節。其所言小制大制一仍唐初隋之遺制。而隋開皇以北周鐵尺調律以北周市尺爲官尺供官私使用市尺亦爲鐵尺之一尺二寸。而隋大業以後以梁表尺調律表定制乃後之著書仿漢志之說。

尺議以合古者。又隋開皇以古斗三升爲一升，古秤三斤爲一斤，大業依復古制蓋唐因隋制，即合用

其二代之大小二制此其二。

考中國度量衡之制先定度，而後生量與衡，故籍載大多均詳於度，而略於量衡。今考唐因隋朝之制，於此合考二證之外又可專由尺度考之復得二證。(仍參見下第二節。)王國維曰：『宋史律歷志載：「丁度議，今司天監表尺，和峴所謂西京望臬者，蓋以爲洛都故物今以貨泉、錯刀、貨布、大泉等校之，則景表尺長六分有奇，略合宋周隋之尺，由此證之銅斛貨布等尺寸昭然可驗有唐享國三百年其間制作法度雖未逮周漢，然亦可謂治安之世今當必欲尺之中當依漢泉分寸若以太祖膺圖受禪賞詔和峴用景表尺，典修金石七十年間薦之郊廟稽合唐制以示貽謀則可且用景表舊尺云云』如是則丁度以宋司天監所用景表爲唐尺其尺當漢泉尺一尺六分有奇故丁度等謂唐尺略合於周隋之尺。』考唐用小尺測晷景，今此所謂景表爲唐尺，比晉前尺一尺六分有奇，正與鐵尺律度約相符合，此一證。考朱載堉之論唐小尺爲唐尺之比，爲一〇〇與一·〇八分之一〇〇之比則唐小尺應合新莽尺一尺〇八分。而隋鐵尺與新莽尺律長，比晉前尺一尺〇六分四釐相差一分六釐此差數並不算

大，而當時比較推算又非十分正確，不可以此差數而謂爲不合，此二證。如云「開皇官尺，即或尺一尺二寸」，官尺長比晉前尺一尺二寸

八分一釐，則鐵尺比晉前尺應為一尺六分七釐五毫，而隋志載爲一尺六分四釐，此即推算之差。

然不特唐因隋制即宋亦因於唐制。程文簡演繁露云：「官尺者與浙尺同，僅比淮尺十八。蓋見唐制而知其來久矣。……國朝事多本唐豈今宋之官尺即用唐秬尺秬黍所制之小尺。

為定耶？」王國維曰：「今觀唐六牙尺與宋三木尺，此唐宋之尺見下第九節之二。知程氏之言不誣。」此宋因唐制之一證。唐鑄錢計重改稱十錢為一兩，宋廢銖絫之制而稱錢、分、釐、毫，此宋因唐制之二證。唐以開元錢經為八分，累十二有半是為大尺，而明亦有鈔尺，朱載堉曰：「寶鈔黑邊外齊作為一尺，名曰今尺，明即唐六典所謂大尺是也。」此明尺即為唐大尺，是明因唐制之一證。清末重定度量權衡制度斛說曰：「今之斛式乃宋賈似道之遺。元至元間中丞崔彧上言遂頒行之明仍元制」此明斛即宋之斛是明因宋制之一證。總之自唐迄明歷代度量衡之大小實緣於增替之所致，而度量衡之制則並未曾考定又其增替之率並不如南北朝之甚。蓋又緣於貪政以南北朝爲甚故也。

王國維曰：「自唐迄今尺度所增甚微，宋後尤微求其原因實由魏晉以降以絹布爲調，官吏懼

其短耗又欲多取於民故尺度代有增益北朝尤甚。自金元以後不課絹布故八百年來尺度猶仍唐宋之舊」蓋本時期尺度之增替實甚微朱載堉曰「以黃鍾之長均作八寸外加二寸為尺此唐尺也以黃鍾之長均作八十一分外加十九分為尺此宋尺也。宋尺以大泉之徑為九分今明營造尺即唐大尺以開元錢之徑為八分宋尺之八寸一分為今尺之八寸」據此可知唐宋明三代之尺度幾完全相同。

何以曰中國度量衡制度，由第三時期增替而為第四時期之總關鍵？蓋中國度量衡增替之事，至隋而已極唐以後歷朝對於度量衡行政雖有所設施，而於度量衡制度並未嚴行考定唐仍隋之舊，宋以後仍唐之舊雖其間亦有參差乃由於實際增替所致而增率又不比南北朝之甚總個第四時期中國度量衡制度導出於第三時期增替之結果所謂總關鍵即在此也。

## 第二節　唐代度量衡及其設施

唐代度量衡，有大小二制大制為因於南北朝增替最後之結果，即隋開皇之大制，大制為隋大

業議以合古之小制。隋開皇官尺，即北周市尺，乃後魏之後尺，此種尺度官民公私用之以爲然。又隋開皇官斗以古斗三斗爲一斗官秤以古秤三斤爲一斤，唐承隋之後以開皇官制官民已通行，故頒之爲大制。而唐代政事亦每求合於古制，隋大業中已改用小制尺用梁表尺斗秤依古廢三倍之大制，故唐又以頒之爲調鍾律測晷景合湯藥及冠冕之制，此唐制之大概可從次之三點觀察之。

一唐政稽求於古所謂古者又如何求之考中國度量衡制度詳備於漢書律歷志唐六典「凡度，以北方秬黍中者一黍之廣爲分十分爲寸·十寸爲尺，一尺二寸爲大尺，十尺爲丈凡量以秬黍中者容一千二百黍爲龠二龠爲合十合爲升，十升爲斗三斗爲大斗十斗爲斛凡權衡以秬黍中者，百黍之重爲銖二十四銖爲兩三兩爲大兩十六兩爲斤凡積秬黍爲度量權衡調鍾律測晷景合湯藥及冠冕之制則用之內外官私悉用大者。」是唐亦以漢志之說爲古惟祇憑積秬黍以爲制故唐代度量衡根本不可從此中求之。再考其立說之由一則固由於漢志言黍之貽誤二則實由於唐代未曾作實際之考定。其所言積秬黍之法，即依漢志憑空作說以其說合於漢志遂謂爲古而其實合古與否則未究也。

二，唐小制所謂合古者，可再從此行用方面考求之。第一、謂用以調鍾律是即出於漢書律歷志

本爲定黃鍾六律之制之論第二謂用以測晷景此乃出於隋煬帝定梁表尺之制梁表尺本爲測影

表者故唐因隋大業之小制定其尺爲測晷景之用第三謂用以合湯藥此乃出於裴頠之說晉書律

歷志曰：『元康中，裴頠以爲醫方人命之急，而稱兩不與古同爲害特重宜因此改治衡權，醫藥用

衡權之制必求合古故唐以小制定爲合湯藥之用第四謂用以合冠冕考中國朝廷冠冕禮服之制，

每視爲大典必求合古故唐以小制爲合冠冕之用。古今圖書集成言『唐時權量是小大並行太史、

大常、太醫用古』者謂此也。

三，隋有大小二制施行於前後唐以之頒布並行，而分別使用之範圍。唐既承隋制何以又求於

積秬黍以爲定？前已言之蓋爲著書者憑空作合古之說，非當時實由積秬黍以求之觀其定小制使

用範圍已甚明瞭故除前四者用小制而外其餘悉用大制此實由時勢轉然，非不欲全行小制隋大

業中頒行梁表小尺之制而開皇官尺之大尺仍通行於人間。古今圖書集成曰：『隋煬帝大業三年

四月壬辰改度量權衡並依古式雖有此舉竟不能復古至唐時猶有大斗小斗大兩小兩之名。』故

唐時一面固未考定制度，一面即以此大制已通行，祇好適合時勢之轉移。

唐之大小二制卽隋之開皇大業前後之二制再從實量方面推求之。

一，唐大尺卽隋開皇官尺比晉前尺一尺二寸八分一釐。唐小尺卽隋大業表尺比晉前尺一尺

○二分二釐一毫，則唐大尺之八分合小尺為十分。故開元錢平列十枚為小尺，平列十二枚半為大尺，此大小二

尺最精密比較之法。朱載堉曰：『唐尺有二種黍尺以開元錢之徑為八

徑八分者大尺之八分合小尺為十分。故開元錢平列十枚為小尺，平列十二枚半為大尺，此大小二

分」者是也。研究唐代大小二制必須明於唐因隋朝前後二代之定制。故唐黍尺所謂小尺者，乃出

自大業之表尺非北周遺制之鐵尺。不過大業之表尺傳入於唐後世之定制。故唐小尺之長度實

較大業之尺度為長而與北周之鐵尺長短近同。此乃增替後而相近同但唐小尺之制非導出於鐵

尺。唐六典謂：「一尺二寸為大尺」二寸乃大尺之二寸大尺實合小尺一尺二寸五分小尺為大尺

之八寸八寸而加二寸，故曰一尺二寸為大尺。又唐大小二尺，與新莽尺之比為一二五及一○○與

一·○八分之一○○之比。而隋開皇之官尺及大業表尺與晉前尺之比為一二八·一及一○二

• 二一與一○○之比。此二者比例不能相通，即唐尺之長度，實際又有增於隋也且（一）晉前尺制

定之時雖用新莽嘉量度數校正，而嘉量之器製造並不精準，以之定度，根本有差。（二）開元錢鑄造

之時徑度亦非完全正確，於是由錢徑考定尺度，亦非得中。（三）比較之差，所謂寸寸而累之又不

能無稍贏餘。（四）推算之差誤如李氏所據推算之數不準，而彼此推算又非一律總之，唐大小二制

係出自隋開皇大業前後之大小二制，而比數不符者，增訛所致。然隋制依隋尺實度比得唐制依唐

錢實徑較得兩朝之度量，不必強求之合，而兩朝之制度則不可不證其相承也。

二，唐大斗大秤，即隋開皇三倍之制，唐小斗小秤即隋大業合古之制，隋制斗秤實量已不可考，

而唐制斗量亦不可考。前章已推證古制實即新莽之制，唐小斗小秤及隋大業之制當合新莽量衡

之制，唐大斗大秤及隋開皇之制當合新莽衡三倍之制，不過增替之訛考校之差，在所不免斗量

既無從考實即依莽制決定。而唐代衡制則可由開元錢較之前第二章第五節已言及吳大澂

較得唐錢一兩即合清庫平之制，此實不誣。古今圖書集成亦曰：『唐武德四年鑄開元通寶錢，重二

銖四絫積十錢重一兩，得輕重大小之中，所謂二銖四絫者，今清一錢之重。』是故唐之衡一兩實重

三七·三〇一公分，而新莽權衡一兩合一三·九二〇六公分所謂三倍實尚不及，此由增替之訛，

非制之改變。

　唐代大小二制並行，所謂小尺爲大尺十之八，小斗爲大斗三之一，及小兩爲大兩三之一，此又

可證之於唐宋人之言。如唐人杜佑通典，宋人程文簡演繁露等均然也。杜氏曰：「六朝量三升當今

一升秤三兩當今一兩，尺一尺二寸當今一尺。」六朝者吳、東晉、宋、齊、梁、陳，而晉、宋、梁、陳，均行古制僅

齊制大於古則杜氏以唐制與六朝制比較實即無異與新莽制比較量衡三倍之說不待再證。六朝

尺度之制爲由一·〇四七而一·〇六四而一·〇二二一之比例。杜氏所謂六朝當又以最後之

尺度爲比較唐大尺即開皇官尺合一·〇二二一之度尺者之一·二五倍此即十之八。程氏曰：

「官尺比淮尺 皆宋尺名。 十八蓋見唐制而知其來久矣，……官尺即唐之秬尺。」則程氏明以唐大尺

小尺爲十八之比者也。

　唐初度量衡本於隋開皇之制，而參依漢志積秬黍之說以定爲大斗大兩大尺之制，見唐初長

孫無忌敕撰唐律疏議。而著分大小二制並明定分制行用之範圍則始於唐玄宗御撰唐六典之言，

其年蓋在開元九年（民國前一一九一）可證之於演繁露之言。

　　唐代對於度量衡行政之設施亦頗嚴屬規定每年定期平校印署，然後始准使用。並定明法律

凡執行平校之人員所校不平，及私作者不平而仍使用，或雖校平而未經官印者，均分別治罪。監校

官不覺及知情者亦分別論罪管理度量衡行政之權屬於太府，故規定每年八月詣太府寺平校，不

在京者詣所在州縣官校。總之，唐代對於度量衡平準之政，可謂極善是或因南北朝取民無法任意

增損而致官民用器各行其是弊害特甚故及唐而有此嚴屬律禁之規定歟？

　　考唐律乃由隋律增損出入號稱得古今之平故宋世多採用之明清律例亦以為本則觀於唐

律中度量衡之律令，而於宋明之制當可思過半矣。

　　唐律疏議雜律門「校斛斗秤度」之文錄之於左：

　　（一）校斛斗秤度

　　諸校斛斗秤度不平，杖七十，監校者不覺減一等，知情與同罪。

　　　疏議曰校斛斗秤度依關市令每年八月詣太府寺平校不在京者詣所在州縣官校並印署，然

後聽用其校法雜令量以北方秬黍中者，容一千二百爲龠十龠爲合十合爲升十升爲斗三斗爲大斗一斗十斗爲斛秤權衡以秬黍中者，百黍之重爲銖二十四銖爲兩三兩爲大兩十六兩爲一斤；度以秬黍中者一黍之廣爲分十分爲寸十寸爲尺一尺二寸爲大尺一尺十尺爲丈。有校勘不平者杖七十監校官司不覺減杖者罪一等合杖六十知情與同罪。

## (二)私作斛斗秤度

第一條　諸私作斛斗秤度不平，而在市執用者，笞五十，因有增減者，計所增減準盜論。

疏議曰：依令斛斗秤度等所司每年量校印署充用其有私家自作，致有不平而在市執用者，笞五十因有增減賍重者，計所增減準盜論。

第二條　卽用斛斗秤度出入官物而不平，令有增減者坐賍論，入己者以盜論，其在市用斛斗秤度雖平，而不經官司印者笞四十。

疏議曰即用斛斗秤度出入官物，增減不平，計所增減，坐賍論，入己者，以盜論，因其增減得物入己以盜論除免倍賍依上例。其在市用斛斗秤度雖平，謂校勘而不經官司印者笞四十。

唐代度量衡之制作，無可考。又如唐會要云：『大曆十一年（民國前一一三六）十月十八日

太府少卿韋光丰奏請改造銅斗斛尺稱等行用』可知法律雖嚴，校勘難準，故請改造銅質之器，是

或亦為標準器也又南部新書：『柳仲郢拜京兆尹置權量於東西市使貿易用之禁私製者北司史

入粟達約仲郢殺而尸之自是人無敢犯』於此又可知當時私作度量衡，必仍暗中行使故置公量

於市以為公用又禁私作此為置公用器之制。

第三節　五代度量衡

五代之世天下混亂，未遑制作。其世官民所行用之器，乃仍唐之舊制必無疑義。

宋史律歷志曰：『今司天監圭表，乃石晉時天文參謀趙延义所造。』又曰：『今司天監表尺，和

峴所謂西京望臬者今以貨泉錯刀貨布大泉等校之則景表尺長六分有奇』則是後晉所造圭表

之尺度當係依唐小尺為之其尺比新莽尺長六分有奇。唐初小尺之長度延至唐末已有差訛晉造

圭表亦未必無差而宋人之比較又未必精準，故後晉造圭表，乃依唐測晷景之小尺之制不過長度

又有訛致。

後周王朴亦累黍造尺以尺定律宋謂之「王朴律準尺」比新莽尺長二分有奇。於此可證後

周律尺一本唐小尺之度王朴雖用累黍之法，而其用以校驗其尺度者，必為唐律尺之度。宋會要曰：

「五代之亂大樂淪散王朴始用尺定律」又曰：「王朴剛果自用遂專恃累黍」宋史律歷志「丁

度表曰王朴律準尺比漢泉尺寸長二分有奇」觀此亦可明五代尺度制之概略。

## 第四節　宋代度量衡及其設施

宋代度量衡，一承唐之大制其量之大小雖有些微之差異，乃由於器具實量增損之訛度量衡

三制之中亦以度制為最易證實律呂新書載謂由溫公尺圖，宋太府布帛尺比晉前尺一尺三寸五

分。考宋代度量衡行政亦屬於太府此太府布帛尺度，即宋代傳統之制度。唐大尺比新莽尺亦為一

尺三寸五分，唐大尺與新莽尺之比，為一二五。是唐宋二代尺度實屬相等。朱載堉曰：宋太府尺比新莽尺之八寸一

分為今明營造尺即唐大尺之八寸」則知宋尺當短於唐尺一分餘考宋尺以大泉之徑為九分，唐

尺以開元錢之徑爲八分故唐宋二朝尺度，並非完全相同而溫公尺圖載宋尺之比數係依實器比

得雖合唐尺之比數但非爲制之本。

宋太府定制之尺本於唐大尺而民間則並用唐大小二尺。程文簡演繁露云：「浙尺僅比淮尺

十八，蓋見唐制，指唐有大小二制者。而知其來久矣。」王國維曰：「淮尺雖略長於唐大尺，而歲久差訛與製法

疎拙略有異同亦固其所且唐有大小二尺，而官私用大尺，宋有淮浙二尺，而繪帛用淮尺二尺之間，

其差皆十與八之比則宋尺承用唐尺明矣。」按此浙尺淮尺，乃宋民間用尺之名其長度與唐大小

二尺合。參見下第九節之三。又宋官帛用淮尺，是即太府布帛尺。觀此足以證宋尺乃出於唐制者。非謂與唐尺完全無差。

沈括夢溪筆談曰：「予考樂律及受詔改鑄渾儀求秦漢以來度量斗升計六斗當今宋一斗七

升九合稱三斤當今爲升中方古尺二寸五分十分分之三今尺一寸八分百分分之四十五

強」考沈括之筆談已在宋之中葉其時實用之器量又有增益所謂求秦漢以來度量其當有實物

爲依據又必係指新莽之制新莽尺與宋尺之比爲一八·四五與二五·三之比依此以求宋尺合

清營造尺爲造尺，爲與下第九節所據以清營造尺，爲比較之主故也。九寸八分七釐三毫較前第三章所定宋尺之度，合清營造尺九寸六分。長二分

七釐此爲器量之訛，非制度有異。又宋一斗當莽一斗之一‧七九之六倍，即三‧三五二倍，較唐之

三倍於古者又大〇‧三五二倍。又宋之一斤當莽一斤之〇‧八一二五之三倍，即三‧六九二倍，

較唐之三倍於古者又大〇‧六九二倍。然考唐之一斤，已等於清庫平之制，若宋又大於唐，相沿而

下，清制必不致反小於宋，此中必有錯誤。或沈氏當時所據以爲比較之物，非前代度量衡實器而以

算數之術求之者乎？再考宋代權衡改制，參見下第實本於唐開元錢之制又癸巳存稿亦云「宋以開

元錢十枚爲一兩」則宋之斤兩重量實與唐同，亦與清同。而量之容量大小最難準確，則宋之量大

於唐之量，自又爲意中事。

宋代於度量衡之設施，可於《宋史》中見之。今彙錄於左，並加考證。

（一）「宋既平定四方凡新邦悉頒度量於其境其僞俗尺度踰於法制者去之乾德中又禁民

間造者由是尺度之制盡復古焉」考此文之上尙有曰：「審度者，本起於黃鍾之律以秬黍中者度

之九十黍爲黃鍾之長而分尺、寸、丈、引之制生焉」朱載堉曰：「宋李照范景仁魏漢津所定律大率

依宋太府尺爲黃鍾長九寸」又曰：「宋黃鍾在宋尺爲九寸。」據此，則宋初所頒尺度，即宋太府尺，而

其他通俗尺度均廢之並禁私造。所謂盡復古者，蓋指偽俗之尺巳盡去民又無私造尺度之制巳劃一，而盡用太府尺。此太府尺當即由唐太府寺傳入者，故曰復古。

（二）『太祖受禪詔有司精考古式作為嘉量以頒天下。……凡四方斗斛不中用者皆去之嘉量之器悉復升平之制焉。』其所謂精考古式者當係唐代嘉量之器。

（三）『建隆元年（民國前九五二）八月，詔有司按前代舊式作新權衡以頒天下，禁私造者。』所謂按前代舊式當即為唐代舊式玉海：『建隆元年八月十九日丙戌有司請造新量衡以頒天下詔精考古制按前代舊式作之禁私造者』玉海之言可相通蓋太祖及平荊湖即頒量衡於其境。所謂精考古式者當即為唐代舊式也。

恐制作無定式，故詔精考前代舊代自為唐代之舊式也。

（四）『淳化三年（民國前九二〇）三月三日詔曰：『書云協時月正日同律度量衡，所以建國經，而立民極也國家萬邦咸乂九賦是均，顧出納於有司，繫權衡之定式如聞秬黍之制或差毫釐，鈞錘為姦害及黎庶宜令詳定稱法著為通規。』事下，有司監內藏庫崇儀使劉承珪言：『太府寺舊銅式自一錢至十斤凡五十一輕重無準外府歲受黃金必自毫釐計之式自錢始則傷于重』遂尋

本末,別制法物至景德中,承珪重加鍪定,而權衡之制益爲精備。其法蓋取漢志子穀秬黍爲則,廣十

黍以爲寸從其大樂之尺就成二術因度尺而求鏊,自積黍而取粲以鏊粲造一錢半及一兩等二

稱」據此可知宋太祖雖頒度量衡之式,然權衡仍無準則,故太宗復詔定權衡之式,至真宗景德

(民國九〇八——九〇五)中劉承珪始考定以度尺定分鏊之名,由積黍求銖粲之量。所謂

「就成二術」者即其下文「因度尺而求鏊,自積黍而取粲」之意。而太府寺舊銅式,即今之起自

一錢此即宋因唐制之明證唐制十分兩命曰錢宋沿用之。而劉承珪以自錢始則傷於重必自毫鏊

計之毫鏊者爲度尺以下之分,在當時已視鏊毫之名,爲度名,故曰:「因度尺而求鏊」。欲權衡制度之精備,亦須因度尺而求鏊以

下之命分自積黍以定其重量之準則此種命分準則之法詳見下第六節所謂從其大樂之尺即自

黃鍾而生之太府尺者是也。

(五)『景祐二年(民國前八七七)九月十二日依新黍定律尺每十黍爲一寸。』考此所定

之尺於景祐三年丁度等上議以『黍有長圓大小歲有豐儉地有磽肥一歲之中一境之內取以校

驗亦復不齊……再累成尺不同其量器分寸旣不合古即權衡之法不可獨用』詔罷之。

上編　第八章　第四時期中國度量衡

二三三

〔六〕『紹興二年（民國前七八〇）十月丙辰班度量權衡於諸路禁私造者』此爲南宋高宗之事。

觀前紀之文可知宋代度量衡行政採官製之制禁私造是卽因唐之遺法而其所頒度量衡之器一採唐朝舊式不過新製造耳。

宋代管理度量衡行政之權亦屬於太府所有內外官司及民間需用均由太府掌造但校印非每年舉行凡遇改元之年印烙器具而印分方長八角三種〈宋史律歷志〉曰『度量權衡皆太府掌造以給內外官司及民間之用凡遇改元卽差變法各以年號印而識之其印面有方印、長印、八角印、明制度而防僞濫也』

## 第五節　宋代權衡之改制及頒行

宋劉承珪制二稱爲權衡改制之新法亦爲中國度量衡史上權衡重大之改革其改制之由乃爲『太府寺舊銅式自一錢至十斤凡五十一輕重無準外府歲受黃金必自毫釐計之式自錢始則

傷于重，……」考南北朝以前出納賦稅，均爲粟帛，故以斛斗丈尺計量。後改爲錢糧之制，乃用金銀

出納，故以權衡計重計金銀之重量必及小數，而銖絫計兩又非十進計算又不方便，故劉氏「就成二

術，因度尺而求釐，自積黍而取絫，以釐絫造一錢半及一兩等二稱」以釐制及絫制定分量用者從

釐制久而絫制廢矣。

宋史律歷志曰：『二稱各懸三毫以星準之。等一錢半者以取一稱之法，其衡即稱之桿。合樂尺

從其大樂之尺。一尺二寸重一錢，錘重六分，盤重五分；初毫星準半錢至稍末毫錢析成十五分，分列十釐

中毫一錢，析成十分，分列十釐，末毫至稍半錢，析成五分，分列十釐等一兩者，亦爲一稱之則，其

衡合樂尺一尺四寸，重一錢半，錘重六錢，盤重四錢，初毫至稍一兩，布二十四銖，下別出一星等五絫；

中毫至稍五錢，布十二銖，銖列五星，星等二絫，末毫至稍六銖，銖列十星，星等絫，以御書眞草行三體

淳化錢較定實重二銖四絫爲一錢者，以二千四百得十有五斤爲一稱之則。其法初以積黍爲準，然

後以分而忽爲定數之端，故自忽絲毫釐，黍絫銖各定一錢之則，忽萬爲分，絲則千毫則百釐則十，

轉以十倍倍之則爲一錢。黍以二千四百枚爲一兩，絫以二百四十銖以二十四遂成其稱稱合黍數：

則一錢半者計三百六十黍之重，列為十五分，則每分計二十四黍，又每分析為一十釐則每釐計二

黍十分黍之四，每四毫一絲六忽有差為一黍，則釐黍之數極矣。一兩者合二十四銖為二千四百黍

之重，每百黍為銖，二百四十黍為枲二銖四枲為錢，二枲四銖為分，一枲二黍重五釐，六黍重二釐五

毫三黍重一釐二毫五絲，則黍枲之數成矣。其則用銅而鏤文以識其輕重。」

欲明二術之用，先將二稱之構造表明如左：

第四四表　宋代權衡改制之二稱構造表

| 稱量 | 桿長 | 桿重 | 錘重 | 盤重 | 初毫(第一紐) | | | 中毫(第二紐) | | | 末毫(第三紐) | | |
|---|---|---|---|---|---|---|---|---|---|---|---|---|---|
| | | | | | 起量 | 分量 | 末量 | 起量 | 分量 | 末量 | 起量 | 分量 | 末量 |
| 一錢半 | 一・二尺 | 一錢 | 六分 | 五分 | ○・五錢 | 一錢 | 二・五錢 | ○ | 一釐 | 一錢 | ○ | 一釐 | ○・五錢 |
| 一兩 | 一・四尺 | 一・五錢 | 六錢 | 四錢 | ○ | 五枲 | 二四銖（一兩） | ○ | 二枲 | 一二銖（五錢） | ○ | 一枲 | 六銖 |

次解釋其說明：

（一）一稱為十五斤，合二百四十兩，即二千四百錢。故曰：「二銖四枲為一錢者，以二千四百得

十有五斤爲一稱之則。』由斤進稱爲「一五」之倍數；由兩錢進稱爲「二四」之倍數。

（二）釐毫進位法：

$$1錢 = 10 \times 1分 = 10 \times 10釐 = 10 \times 100毫 = 10 \times 1,000絲 = 10 \times 10,000$$
忽（以分而推忽爲定數之端。）

絫黍進位法：

$$1兩 = 24銖 = 240絫 = 2400黍（初以積黍爲準。）$$

（三）等一錢半之稱量爲「一五」分計三百六十黍每分「二四」黍每釐「二四」黍，故曰「以取一稱之法。」

（四）等一兩之稱量爲「二四」銖計二千四百黍二百四十絫計爲絫「二四」絫爲錢「二四」絫爲分故曰「爲一稱之則。」

至此二術之用已明，此爲中國度量衡史上權衡改制，由絫黍改爲釐毫古今重大之改革。既用二術，製成新制之二稱逐頒發於內外府司四方應用。又比用大稱悉由黍絫而齊其斤石不得增損。

又令每用大稱懸稱於架人立以視，不得抑按因是奸弊無所指中外以爲便。宋史律歷志曰：『新法既成詔以新式留禁中取太府舊稱四十舊式法馬六十以新式校之乃見舊式所謂一斤而輕者有

十，謂五斤而重者有一式旣是若是權衡可知矣又比用大稱如百斤者皆懸鉤於架植鐶於衡鐶或㡛

手或抑按則輕重之際殊爲懸絕至是更鑄新式悉用黍絫而齊其斤石不可得而增損也又令每用

大稱必懸以絲繩旣置其物則卻立以視不可得而抑按復鑄銅式以御書淳化三體錢二千四百暨

新式三十有三銅牌二十授于太府又置新式于內府外府復頒于四方大都凡十有一副先是守藏

吏受天下歲貢金帛而太府權衡舊式失準得因之爲姦故諸道主者坐逋負而破產者甚衆又守藏

更代校計爭訟動必數載至是新式旣定奸弊無所指中外以爲便」

## 第六節　宋代量之改制

唐以前均以十斗爲斛斛乃五量之大者然斛之容量經南北朝增大至三倍後至宋又有增已

超過三倍以上而右斛之容量至宋不過約爲宋之三斗此其一清末重定度量權衡制度斛說云：

「今之斛式上窄下廣乃宋賈似道之遺」所謂「上窄下廣」者乃上口小下底大均方形是卽爲

截頂方錐形之式，卽所謂清之斛式見下第九章。此其二今卽從此二點研究宋代對於量之改制。

斛之進位本爲十斗｜宋改爲五斗蓋因（一）自古均以斛爲代表量器之名，然，如今俗名量器均曰斗斛。古

量小因以古斛之器視作五斗或二斗五升之器因此以五斗或二斗五升爲斛然以二斗五升爲斛，古

不過習俗有其用，朝廷定法則仍以五斗爲進位（二）漢志嘉量重二鈞而四鈞爲石嘉量之大量爲

斛因以二斛爲一石於是又多出「石」之名此爲量法之改制。

古之嘉量斛爲圓柱形｜宋之容量既大至三倍以上若仍爲圓柱形則上口大而難平準。故｜元中

丞｜崔彧言宋斛之遺式「口狹底廣出入之間盈虧不甚相遠」因是而改用截頂方錐形之式此爲

量器之改制。

改制後量器之大者仍爲斛容量爲五斗。於是較嘉量斛之容量，所大者不及倍，而得有所平準。

因既改以五斗爲一斛則須另命十斗進位之量名因「石」爲量之名早見於秦漢之世又以嘉量

之重二鈞二倍之，則四鈞爲石，與嘉量之大量爲斛，亦二倍之二斛爲石之進數相合故卽以十斗爲

一石。

改斛之進位爲五斗置石爲十斗以補斛名之缺其法乃始於｜宋。又改斛之式，由圓形而爲截頂

方錐形亦始於宋此宋代量之改制亦爲中國度量衡史上之一改制關鍵。

## 第七節　宋代考校尺度之一般

宋代太府寺舊傳之尺蓋卽唐尺此爲宋代第一等尺。

五代王朴律準尺傳入宋朝爲宋代第二等尺。

宋初太常寺和峴曰：『尺寸長短非書可傳故累秬黍求爲準的後代試之或不符會西京銅望臬可校古法卽今司台影表銅臬下石尺是也影表測於天地則管律可以準繩』上乃令依古法以造新尺此爲宋代第三等尺。

宋仁宗景祐（民國前八七八──八七五）中鄧保信阮逸胡瑗等奏造鍾律。阮逸胡瑗橫累百黍爲尺此爲宋代第四等尺；鄧保信縱累百黍爲尺此爲宋代第五等尺。

皇祐（民國前八六三──八五九）中詔累黍定尺高若訥以漢貨泉度一寸依隋書定尺十五種上之藏於太府寺此爲宋代第六等至第二十等尺。

徽宗（民國前八一一——七八七）時魏漢津大晟樂成其所定之尺，爲宋代第二十一等尺。

此尺本定於哲宗元祐中（民國前八二六—八一九）。

以上共二十一種尺度，僅第一等尺爲宋代施用之尺度。其餘僅爲考校鍾律時所定之尺度，不見於施用。而第六等至第二十等之十五種尺，即隋志所載諸代尺度一十五種者，不過爲高若訥之重制非實由南北朝傳入之尺也。由前代傳入之尺有二即第一等太府尺及第二等王朴尺其第三等第四等第五等及第二十一等四種尺均爲宋朝所造者今依律呂新書將此六種尺比新莽尺之度數表明於次：

（一）宋太府尺，乃宋尺之正度比新莽尺一・一三五尺。見溫公尺圖。

（二）王朴律準尺比新莽尺一・〇二尺。見宋史律歷志。

（三）和峴景表石尺比新莽尺一・〇六尺。見宋史律歷志。

（四）阮逸胡瑗橫黍尺比新莽尺一・〇六一一尺。比太府尺七尺八分六釐。見胡瑗樂義。

（五）鄧保信縱黍尺比新莽尺一・二二八五尺。短於太府尺九分。見鄧保信奏議。

（六）大晟樂尺比新莽尺一‧二九六尺。短於太府尺四分。見大晟樂書。

第八節　元明度量衡及其設施

可。

元代度量衡，籍無紀載，其所用之器，必一仍宋代之舊。而元代度量衡制度，即謂爲宋制，自無不

輸米進糧，每須於量，元世祖至元二十年（民國前六二九）崔彧上言：『宋文思院小口斛，出入官糧無所容隱，所宜頒行』上從之，遂頒行。元史謂：『世祖取江南，命輸米者止用宋斗斛以宋一石當今元七斗』觀此可知元實仍宋之制，而量制又增大其量耳。按元至元十三年（民國前六三六）入宋臨安則所謂取江南當是指是年也。

明代度量衡亦承前代之制惟於實制如何，籍不詳載。明會典對於度量衡之法式製造行政歷言甚詳，而於制度如何則反不及一言是即其制度一仍唐宋之制耳。

清末重定度量權衡制度斛說曰：『今之斛式上窄下廣乃宋賈似道之遺元至元間，中丞崔彧

上言，其式口狹底廣出入之間，盈虧不甚相遠，遂頒行之，史所謂宋文思院小口斛是也，明仍元制。

據此可知明會典所謂頒降斛式乃宋之遺制。

明代所頒鐵斛據三通考輯要謂：「依清寶源局量地銅尺斛口外方一尺，內方九寸斛底外方一尺六寸內方一尺五寸深一尺厚三分平稱重一百斤依古橫黍度尺斛口外方一尺二寸八分內方一尺一寸五分強底外方二尺○五分內方一尺九寸二分深一尺二寸八分厚四分」清寶源局量地銅尺當係當時實用之尺，非定制之度，不知其為何種尺度但又以古橫黍度尺言之，考定橫黍律尺之度每卽視為古橫黍尺，其長度為清營造尺之八寸一分。今依此橫黍尺計之斛積為三○八二‧八一三四四立方寸合清營造尺度為一六三八‧三三三四五七立方寸五十分之一為升，應合三二一‧七六六六六九立方寸。

中國度量衡器具之種類至明已大備度器有銅尺木尺量器有斛斗升衡器有稱等天平法馬等種均製樣頒發不准有出入詳見明會典玆照錄於次以見其設施之一斑。

洪武元年（民國前五四四）令鑄造鐵斛斗升付戶部收糧用以較勘仍降其式於天下令兵

馬司，並管市司三日一次較勘街市斛斗秤尺並依時估定其物價，在外府州各城門兵馬，一體兼領市司。

二年（民國前五四三）令，凡斛斗稱尺，司農司照依中書省原降鐵斗鐵升較定則樣製造發直隸府州及呈中書省轉發行省依樣製造較勘相同，發下所屬府州各府正官提調，依法製造較勘，付與各州縣倉庫收支行用其牙行市鋪之家須要赴官印烙鄉村人民所用斛斗秤尺與官降相同，許令行使。

二十六年（民國前五一九）定凡使用斛斗稱尺著令木稱等匠記算物料，如法成造所用鐵力、木杉木版枋生鐵等項行下龍江提舉司等衙，照數放支其合用鎚鉤行下寶源局督工鑄造，如是成造完備移咨戶部較勘收用。凡天下官民人等行使斛斗秤尺已有一定法則，預行各司府州縣收掌務要如式成造較勘相同印烙，給降民間行使其在京倉庫等處合用斛斗秤尺等項本部較勘印烙發行。

宣德七年（民國前四八〇）令重鑄鐵斛，每倉發與一隻，永為法則，較勘行使。

正統元年（民國前四七六）奏准蘇松等處原降鐵斛斗升行南京工部照舊式鑄造給領收
掌，以備較勘。又令各處斛斗稱尺府州正官照依原降式樣較勘相同官民通行仍將式樣常于街
市縣掛聽令比較令各布政司府州縣倉分歲收糧五十萬石及折收倉庫歲收布絹等物十萬正以
上者工部各給鐵斛一張，銅尺木尺各一把。

景泰二年（民國前四六一）令工部成造等稱天平各四十副頒給戶部及在外收支衙門掌
管用使其所屬衙門許依式成造應用。

成化二年（民國前四四六）題准私造斛斗稱尺行使者依律問罪，兩隣知而不首者事發一
體究問。

五年（民國前四四三）以新舊鐵斛大小不一，仍令工部照依洪武年間鐵斛式樣重新鑄造，
發江南江北山東河南兌糧去處令各處兌糧官員依式置造木斛送漕運衙門較勘印烙給發交兌，
以爲永久定規。

十五年（民國前四三三）令，鑄鐵斛，頒給江西湖廣二布政司及各兌糧水次並支糧倉分較

造木斛印烙收用。其鐵斛仍識以「成化十五年奏准鑄成永爲法則」十三字及監鑄官員匠作姓名於上。

正德元年（民國前四○六）議准工部，行寶源局，如法製造好銅法子，一樣三十二副，每副大小二十箇俱鑒「正德元年寶源局造」字號，送部印封發浙江等處布政司，及各運司並南直隸府州各依式樣支給官錢一體改造頒降用使。

九年（民國前三九八）議准吏部，揀送諳曉書算吏役四名填註戶部陝西清吏司支科二名，專管撥糧斛，註銷清冊金科二名，專管鹽法，後役滿之日將文卷簿籍交代明白方許更替。

嘉靖二年（民國前三八九）議准京通二倉合用糧斛坐糧員外郎將鐵鑄樣斛較勘修改相同，火印烙記發倉仍前二張送漕運衙門收貯，以後新斛俱依鐵斛並較定斛樣成造。

八年（民國前三八二）奏准製天平法馬一樣七副六副分給各司並監收內府銀科道官一副留部堂爲式。凡斛戶及本部送進內府銀兩俱照戶部則例給文掛號領票關給預先稱驗包封會同該監較收。

令順天府，將官較稱斛印烙給送監收科道員各一副，凡解戶到部，即領票關給稱斛，預先稱量，

包封，候進納報完監局各衙門，會同照樣較收，以革姦弊。

又令工部寶源局，如式鑄造大小銅法子，給發內外各衙門。

二十七年（民國前三六四）題准行各倉場，照依原降鐵斛置造斛斗，仍置官稱較量平準，

併送巡撫及管糧郎中主事烙記發用。如有私造斛稱通商作弊各該管通判不行覺察一體究罪其

宦府一鎮往時收用市斛合行查革以後收入放出俱以倉庫為準。

四十五年（民國前三四六）題准南京供用庫斛斗升稱等行南京工部撥匠科造三千八百

七十六副。

## 第九節　第四時期度量衡之推證

### 一、唐開元錢尺之考證

吳大澂以開元錢十枚平列為一尺，曰開元尺；王國維以開元錢十二有半亦累為尺，曰開元錢

尺。此二者尺之製法不同，而命名均同，此應注意。吳氏依開元錢徑作十分是爲唐小尺之製；王氏以

開元錢徑爲八分乃爲唐大尺之制小尺與大尺之比亦恰與開元錢十枚與十二枚半之比即所謂

小尺爲大尺十八今以開元錢徑二四・六九公釐十二倍半計之得三○・八六二五公分與前第

三章所定唐尺之度相差僅約二・四公釐。

二、唐宋明三代尺度實考

唐尺實器今之可考者有唐鏤牙尺一種。據王國維曰：「唐鏤牙尺，烏程蔣氏藏，拓本長營造尺

九寸四分弱，刻鏤精絕唐《六典》中尚署令注云「每年二月二日進鏤牙尺」即此是也」又曰：「日

本奈良正倉院藏唐尺六乃日本孝謙天皇天平勝寶八年（當唐至德二年民國前二五五）其皇

太后獻於東大寺者凡紅牙撥鏤尺二綠牙撥鏤尺二白牙尺二曾影印於東瀛珠光中余從沈乙庵

先生借摹以今工部營造尺度之：綠牙尺甲長九寸五分五釐，紅牙尺乙長九寸四分八釐，白牙尺二

均長九寸三分紅牙尺甲與綠牙尺甲均長九寸二分六釐。其最長者與余所製開元錢尺略同。此云

「紅牙撥鏤尺，綠牙撥鏤尺」並唐舊名。」將開元錢，累得唐大尺，以清營造尺度分之，得九寸六分四釐餘，與唐牙尺之最長者九寸五分五釐累同。

宋尺實器今可考者有木尺一種據王國維曰「宋鉅鹿故城所出木尺三，藏上虞羅氏，以同時
掘出之慶歷政和二碑觀之，是北宋故物也度以今工部營造尺，其一長九寸七分，與唐開元錢尺正
同，其二又較長五分蓋由製作麤惻非制度異也」

明尺實器今可考者亦有明嘉靖牙尺一種，據王國維曰：「明嘉靖牙尺，拓本長營造尺一尺微
弱，武進袁氏藏側有款曰「大明嘉靖年製」」

吾人知一尺之爲器出於制度，而制非由器出。不過由實器以考制度每可爲有力之實證今觀
此唐宋明三代尺之實器若唐及明之牙尺，或出於制度，而若宋之木尺，是否由制出又屬疑問故今
以此三代之尺作三代尺度之一證準此以推之，唐牙尺之最長者較唐開元錢尺合清營造尺
九寸六分四釐餘之度，短約營造尺度之九釐，而較前第三章所定唐尺之度寸七分二釐。短一分七
釐。今此唐尺牙尺間之差，則至二分九釐據此足見當時製造在準度上尚未精密考求雖七尺皆較
短，而反足以證唐尺之制。宋木尺之最短者較前第三章所定宋尺之度，九寸六分。長一分而三木
尺同時出土，則差至五分故由此又足以證宋尺之制。明牙尺又較前第三章所定明尺之度亦合清營
造尺九寸

七分二。

長約二分而嘉靖又去明初一百五十年以上，又當係由實際增替之所致也。

唐宋明三代尺度能證其各自相合即足以證三代尺度實出於一制故世所傳尺之器雖有長短之不齊乃製不準度又實際增替二者之所致，非根本之制度有大不同也。

三、宋三司布帛尺之考證

王國維曰：『宋三司布帛尺藏曲阜孔氏，原尺世未得見，世所謂摹本長工部營造尺八寸七分強。吳大澂實驗致中（案玉海列三司布帛尺，於皇祐古尺（按當即係高若訥依隋造尺十五種者）入之度即同此。）元祐樂尺（按當即係魏漢津所造之樂尺）之前，又元豐改官制（按即王安石改官制改新法）後，更無三司使之名，則此尺乃宋初尺。惟諸書所記三司尺長短頗有異同。程文簡演繁露謂『浙尺比淮尺十八』趙與峕賓退錄謂：『省尺者，三司布帛尺也，周尺當布帛尺七寸五分弱，於今浙尺當八寸四分』案省尺七寸五分，當浙尺八寸四分，以比例求之，則省尺當浙尺之一尺一寸二分，浙尺當省尺之八寸九分四釐，有奇之布帛尺摹本則其八寸九分四釐，略同唐秬尺。（浙尺比淮尺十八。淮尺自當略同唐大尺。）唐秬尺合清營造尺七寸七分七釐六毫，宋浙尺合清營造尺七寸七分七釐八毫，故曰宋浙尺略同唐秬尺。

程氏謂浙尺淮尺出於唐尺，其說甚是當考尺度之制，由短而長殆為定例此三司布帛尺之大於唐

第 一 八 圖 宋 仿 造 晉 前 尺 圖

第一九圖　宋三司布帛尺圖

秬尺，亦不外此例。唐以大尺四丈爲匹，宋以布帛尺四十八尺爲匹（據程氏說）增於唐者已踰十分之一而民間所用浙尺淮尺則尚仍唐尺舊知此可以明此布帛尺與唐尺及宋淮浙二尺不同之故矣。』是屬誠然宋淮浙二尺實由唐大小二尺傳入於民間者而宋三司布帛尺蓋本唐小尺增替所致然宋三司布帛尺又爲宋之三司<small>按卽鹽鐵，度支戶部，三司也。</small>量布帛所用非太府寺布帛尺卽非宋代定制之尺度不可以宋尺制目之也。

# 第九章 第五時期中國度量衡

## 第一節 清初官民用器之整理

清朝開國之初，百事草創於明代典章制度，未能完全革新度量衡之標準，悉本黃鍾六律之說，沿襲明朝遺制並無若何變更；而民間以五方風氣不同之故，狃於所習以致行使之度量衡器不能齊同，有種種之差異發生，故在順治年間，清廷對於度量衡，卽已着手整理。

順治五年（民元前二六四年）頒定斛式，其時因官司出納漫無準則，乃頒定斛式，由戶部較準斛樣，照式造成發給坐糧廳收糧；又令工部造鐵斛二一存戶部，一存總督倉場；再造木斛十二，頒發各省。

十一年（民元前二五八年）飭邊部定法馬；私自增減者罪之。

十二年（民元前二五七年）重訂鐵斛頒發各省。時題准較製鐵斛，存戶部一發倉場、總漕

各一，頒發直省各一，布政司照式轉發糧道各倉官較製收糧。

十五年（民元前二五四年）定各關秤尺　其時議准各關量船稱貨務使秤尺準足，不得任意輕重長短。

## 第二節　清初度量衡制度之初步考訂

清代整理度量衡之計劃雖在順治年間，即已着手進行，但是我國度量衡制度自互代而降，屢有變更以量與權衡之大小皆由於尺度之長短尺度之長短原於定黃鐘之各異又系於累黍之不同，遞遺嬗變數千年來度量衡之名稱既差實制亦異市儈乘機又復奸詐百出思欲革除積弊詢非易易；是以康熙嗣位乃有進一步之整理計劃

康熙元年（民元前二五〇年）頒定新法馬。

四十三年（民元前二〇八年）議定斛式併停用金斗關東斗。

其時清廷曾降旨以各省民間所用衡器雖輕重稍殊尚不甚相懸絕惟斗斛大小迥然各別，不

獨各省不同即一縣之內城市鄉村亦不相等此皆伶儈評價之人希圖牟利之所致；又升斗面寬底窄，若稍尖量即致浮多若稍平量即致虧損弊端易生於民間殊爲不便嗣後各直省斗斛大小作何劃一其升斗樣式可否底面一律平準以杜弊端至盛京金石金斗關東斗亦應一併劃一着九卿詹事科道詳議具奏云云尋由清廷臣工遵旨議定直隸各省府州縣所用斛面倶令照戶部原頒鐵斛之式其升斗亦照戶部倉斗倉升式樣底面一律平準；盛京金石金斗關東斗俱停其使用；並鑄鐵斗鐵升各三十具發盛京、戶部、順天府五城倉場總漕直隸各省巡撫令轉發奉天府、寧古塔、黑龍江等處及各該省布政司糧道府州縣倉官一體通行。

按康熙四十三年議改升斗斛之式樣其斛制上窄下廣，乃宋賈似道遺制史所謂宋文思院小口斛是也。元至元間頒行使用，明朝仍之，清仍明制以其式口狹底廣出入之間，盈虧不甚相遠且口狹易於用概可以祛弊也。

五十二年（民元前一九九年）御製律呂正義以累黍定黃鐘之制並製數理精蘊定度量衡表。

第 二 〇 圖

清初工部營造尺與律尺比率圖

律 尺 圖

營 造 尺 圖

律呂正義曰：「黃鐘之律有長與圍徑，則有尺度，然後數立焉黃鐘之聲，原未絕於世，而造律之

尺獨難得其眞，隋志載歷代尺十五等，其後改革益甚，至律呂新書所載：如周尺……等二十餘種，

（參見第八章第七節）然尺者所以度律，而黍者所以定尺，古今尺度雖各不同，而律之長短自不

可更黍之大小又未嘗變，故黃鐘之分參互相求而可得其眞也，宋李照以縱黍累尺管容千七百三

十黍空徑三分固失於大，胡瑗以橫黍累尺，管容千二百黍空徑三分四釐六毫亦非眞度，通志載夏

尺十寸，商尺十有二寸，周尺八寸，自三代而後尺雖不一大約長不踰商尺短不減周尺今黃鐘之長

九寸，非夏尺之九寸，商尺之九寸，亦非歷代諸尺之九寸，乃本造律度十分之九也，夫以夏尺商尺之

度，制爲黃鐘之侖其容受逾於千二百黍固不必言，嘗以今尺之八寸爲周尺立法，制爲黃鐘之侖其

容黍又少歟，更以今尺之八寸一分立法，乃恰合千二百黍之分，始知古聖人定黃鐘之律，蓋合九九

尺數之全以立度也，且驗之今尺縱黍百粒得十寸之全，而橫黍百粒適當八寸一分之限，明鄭世子

載情律呂精義審度篇亦載橫黍百粒當縱黍八十一粒。又前漢志曰黃鐘之長以子穀秬黍中者一

黍之廣度之九十分黃鐘之長一爲一分夫度者橫之謂也，九十分爲黃鐘之長，則黃鐘爲九十橫黍

所纍明矣以橫黍之度比縱黍之度，即古尺之比今尺，以古尺之十寸爲一率今尺之八寸一分爲二率黃鐘古尺九寸爲三率，推得四率七寸二分九釐即黃鐘今尺之度也夫考圖而不審度固無特契之理審度而不驗黍亦無恰合之妙依今所定之尺制爲黃鐘之律考之於聲旣得其中實之以黍又適合千二百黍，然則八寸一分之尺豈非古人造律之眞度耶。

按清代康熙年間旣如律呂正義所載躬視累黍布算而得今尺八寸一分，恰合千二百黍之分，遂以橫纍百黍之尺爲「律尺，」而以縱纍百黍之尺爲「營造尺，」是爲清代營造尺之始舉凡升斗之容積法馬之輕重皆以營造尺之寸法定之，此在當時科學未與舊制已紊之時舍此已別無良法沿用數百年民間安之若素其考訂之功可謂宏偉。

數理精蘊所定度量衡表：

營造尺　以分兩定尺寸之準。

赤金每立方寸重十六兩八錢。

白銀每立方寸重九兩。

紅銅每立方寸重七兩五錢。

黑鉛每立方寸重九兩九錢三分。

法馬　以寸法定輕重之率。

赤金方寸白銀方寸紅銅方寸黑鉛方寸與前分兩相符，卽得部頒法馬等秤輕重之準。

鐵升斗斛　以寸法定容積之準。

升方三十一寸六百分。

斗方三百一十六寸。

斛方一千五百八十寸。

兩斛爲石方三千一百六十寸。

與右寸數相符卽得部頒升斗斛容重之準。

清初度量衡，經過康熙時代之整理與制度之考訂，漸有劃一之趨勢，所以當時有言：「市廛之上，閭閻之中，日用最切者無過於丈尺升斗平法，其間長短大小亦或有不同，而要以部頒度量衡法

為準，通融合算均歸劃一」云。

## 第三節　清初具體制度之實現

乾隆六年（民元前一七一年）清帝以官民所用度量衡器猶未能完全劃一，詢問羣臣，所以未能齊同之原因，會有刑部部臣張照奏稱「康熙時代既以斗尺稱法馬式樣頒之天下；又凡省府州縣皆有鐵斛收糧放餉一準諸平運則有刑並恐法久易湮訂定度量衡表載入會典頒行天下，在今日度量權衡猶有未同，並非法度之不立實在奉行之未能」遂條陳二事：

一、命有司照表製造尺秤法馬斗斛頒行天下，再為聲明違式之禁務使劃一併令直省將會典內權衡表刊刻頒布使人人共曉。

二、立法固當深密而用法自在得人度量權衡之制度雖經訂定，而官司用之入則重，出則輕以為家肥更甚者轉以國利行之在上百姓至愚必以為度量權衡國家本無定準浸假而民間各自為制浸假而官司轉從民制此歷代度量權衡不能齊同之本也欲期民間之恪守必先從官司之恪守云。

七年（民元前一七〇年）御製律呂正義後編定權量表。

權制形圓以寸法定輕重之率黃銅方一寸重六兩八錢凡法馬之尺寸皆列之爲表。（詳見後節）

量制形方以寸法定容積之率升方積三十一寸六百分斗方積三百一十六寸斛方積一千五百八十寸其升斗斛面底高之尺寸均有規定雖與數理精蘊所定度量衡表之尺寸微異而其

容積則一也。（詳見後節）

九年（民元前一六八年）仿造嘉量方圓各一範銅塗金列之殿庭。乾隆年間清廷得東漢圓

形嘉量因考唐太宗時張文收所造方形嘉量圖式仿製方圓形嘉量各一嘉量之形式上爲斛下爲

斗左耳爲升右耳上爲合下爲龠其重二鈞聲中黃鐘之宮乾隆親爲之銘並刻方圓度數於其上備

清漢文銘曰：『皇帝聖祖建極憲天度律均鐘洞契元聲微顯闡幽何天衢亨小子鑽緒寰區撫臨協

時月正日同律度量衡茲製法器列於大庭匪作伊述大猷敬承遵鍾得度率度量成是爲權輿律偕

六英猗聖合天天心聖明七政是齊爲萬世法程如衡無私如權不凝如度制節如量祇平律得環中

紹天明命永保用享子孫繩繩,我日斯邁,而月斯征,中元甲子,乾隆御銘。」據會典:

嘉量圓制以營造尺命度
以律尺起量

嘉量斛積八百六十寸九百三十四分四百二十釐容十斗,

深七寸二分九釐,

冪一百一十有八寸九分八十釐,

徑一尺二寸二分六釐二毫。

嘉量斗積八十六寸九十三分四百四十二釐容十升,

深七分二釐九毫,

冪一百一十有八寸九分八釐,

徑一尺二寸二分六釐二毫。

嘉量升積八千六百零九分三百四十四釐二百毫容十合,

深一寸八分二釐二毫五絲,

冪四百七十二分三十九釐二十毫。

徑二寸四分五釐二毫

嘉量合積八百六十分九百三十四釐四百二十毫容二龠，

深一寸零九釐六毫，

冪七十八分五十三釐九十八毫，

徑一寸。

嘉量龠積容深爲合之半冪徑與合同。

嘉量方制以營造尺命度 以律尺起量

嘉量斛積八百六十寸九百三十四分四百二十釐容十斗，

深七寸二分九釐，

冪一百十有八寸九分八十釐，

方一尺零八分六釐七毫。

嘉量斗積八十六寸九十三分四百四十二釐容十升，

深七寸二分九釐，

冪一百十有八寸九分八十釐，

方一尺零八寸九分六釐七毫。

嘉量升積八千六百零九分三百四十四釐二百毫容十合，

深一寸八分二釐二毫五絲，

冪四百七十二分三十九釐二十毫，

方二寸一分七釐三毫。

嘉量合積八百六十九百三十四釐四百二十毫容二龠，

深八分六釐零九絲，

冪百分，

方一寸。

嘉量侖積容深爲合之半冪方與合同，

律呂正義後編曰：「按「周鬴」「漢斛」皆云深尺內方尺而圓其外度同而容積不同，故先

儒皆遽就以爲之說究其所謂方尺者實不止方尺故曰旁有庣焉則其度數亦未爲定法也今以律

尺起量而以營造尺命度則古今度量權衡同異之數暸然可見斛積八百六十寸九百三十四

四百二十釐即律尺一千六百二十寸斗積八十六寸九十三分四百四十二釐即律尺一百六十二

寸升積八千六百零九分三百四十四釐二百毫即律尺一萬六千二百分合積八百六十分九百三

十四釐四百二十毫即律尺一千六百二十分斛深七寸二分

九釐爲黃鐘之度即律尺九寸斗深七分二釐九毫爲黃鐘十分之一即律尺九分也升深一寸八分

二釐二毫五絲爲黃鐘四分之一即律尺二寸二分五釐也深除積得冪而圓徑方邊數各不同以冪

開平方得方邊以圓積圓徑定率比例得圓徑至於合侖則圓徑方邊俱爲營造尺一寸在律尺爲一

寸二分三釐四毫五絲六忽七微九纖即古尺今尺之異也以方徑自乘而得面冪以圓徑求得圓周，

周徑相乘四除之得圓面冪斛深七寸二分九釐斗深七分二釐九毫並底厚八釐一毫共八寸一分，

律尺全度也。折尺爲寸而古之寸法在是，累寸爲尺而今之尺法亦在是，則古今度法之同異可見。從度起量，斛容二千侖，其實十斗以今量法準之只二斗七升二合餘，斗之容積爲今二升七合餘升之容積爲今二合七勺餘則古今量法之同異可見。從量起衡斛容二百四十萬黍重一千兩以今之權法準之止重五百三十一兩餘。嘉量之體重二鈞計九百六十兩以今權法準之只重五百十兩餘則古今權法之同異可見矣。推原其故則權量皆自度始。蓋律尺爲橫黍之度營造尺爲縱累百黍之度而橫黍尺十寸當縱累黍尺八寸一分。古之權量以橫黍之度起侖尺小故權量亦隨之而小今之權量以縱黍之度之長而權量之法大率由是而起。試以營造尺九寸制爲黃鐘之管命其所容爲一營造尺其律固失之而權量之法大故權量亦隨之而大。今律尺雖亡而營造尺則未之有改。明冷謙制律用侖則二斛十斗之積當爲營造尺三千二百四十寸，命其一侖之重當爲五錢則律尺一侖之重當爲二錢六分五釐七毫二絲零五微而律尺十斗二千侖之重當爲五百三十一兩四錢四分一釐我朝權量之制大抵皆仍前明之舊今考戶部量法二斛十斗之積爲三千一百六十寸比之營造尺起侖者少八十寸而權法則與營造尺起侖者相合然則今之權量其亦有所本矣」云。

## 第四節　清初度量衡制度之系統

清代度量衡制度，經過康熙乾隆兩時代之釐定，始有具體制度實現，其行政上之設施屬於戶部，而以工部製造法定器具以為統一全國度量衡之標準考其制度之系統：（一）以縱黍之度製成工部營造尺以質度制之準；（二）以鐵鑄成漕斛以為量制之準；（三）取五金之立方寸為衡制之準名曰庫平；而又以五金立方寸之分兩定營造尺寸法之準，質言之度量衡之標準係以縱黍百粒之長度製為營造尺以營造尺之寸法定容積之率，並取金銀銅鉛四種金屬製為方寸之立體物即以此立體之重量定輕重之率，再以此立體之方寸為尺寸之率，此其三者互相為用之標準也。

### 第四五表　清初度量衡系統表

以縱黍百粒之長度製成營造尺
- 以營造尺定長度之率
- 以營造尺之寸定容積之律
  - 升積三十一寸六百分
  - 斗積三百一十六寸
  - 斛積三千一百六十寸
- 以金銀銅鉛四種金屬一方寸之立體之寸法及分兩定度量衡之標準

度法：

以營造尺之寸──法定輕重之率──┬─赤金立方寸重十六兩八錢
　　　　　　　　　　　　　　　├─白銀立方寸重九兩
　　　　　　　　　　　　　　　├─紅銅立方寸重七兩五錢
　　　　　　　　　　　　　　　└─黑鉛立方寸重九兩九錢三分

丈十尺、尺十寸、寸十分、分十釐、釐十毫、毫十絲、絲十忽、忽十微、微十纖、纖十沙、沙十塵、塵十埃、埃十渺、渺十模、模以下皆以十折　模糊、逡巡、須臾、瞬息、彈指、剎那、六德、虛空、清淨。

尺之種類有二一種爲橫黍尺，一種爲縱黍尺，考其所定度制，大要一本於律，以累黍定分寸之率，以一黍之廣度爲一分，橫累十黍得橫黍尺一寸，以一黍之縱度爲一分，直累十黍得縱黍尺一寸。準橫黍之度以審樂存之禮部是爲「禮部律尺」，定縱黍之度以營造存之工部，是爲「工部營造尺」頒之各省亦名「部尺。」

營造尺與律尺之比率（圖二〇）卽：

營造尺七寸二分九釐等於律尺九寸（卽清定黃鐘之長）

營造尺八寸一分等於律尺一尺。

量法：

營造尺一尺，等於律尺一尺二寸三分四釐五毫。

石二斛、斛五斗、斗十升、升十合、合十勺、勺十撮、撮十秒、秒十圭、圭六粟，

圖 三 三 第

（一之分五尺例比）圖形斗器量刻清

勺以下撮秒圭粟等名稱並不恆用，康熙年間議修賦役全書歸秒勺之制斷始於勺。

量之祖器為鐵斛鐵斗鐵升，存之戶部，乾隆年間飭工部以鐵鑄造漕斛頒之各省。

升方形積三十一立方寸又六百立方分，面底方四寸深一寸九分七釐五毫（如圖二二一）斗

方形積三百一十六立方寸面底方八寸深四寸九分三釐七毫五絲。（如圖二二二）

清到量器斛形圖（比例尺五之一）　第二二圖

斛截方錐形，積一千五百八十立方寸面方六寸六分底方一尺六寸深一尺一寸七分。（如圖

（二三）

據會典：「戶部量鑄鐵為式，形方升積三十一寸六百分，面底方四寸深一寸九分七釐五毫，積三百一十六寸面底方八寸深四寸九分三釐七毫五絲斛積一千五百八十寸面方六寸六分底方一尺六寸深一尺一寸七分此皆以工部營造尺命度者也斗升皆以方自乘再乘深得積斛以面方自乘底方自乘面方底方相乘併三數以深乘之三歸得積斛容五斗即倉斛也黃鐘之容一千二百黍律尺量法即嘉量一斛二千龠為十斗戶部量法五斗律尺十斗即營造尺方八百六十九百三十四分四百二十釐，戶部量法一斗為營造尺方三百一十六寸以戶部斗積除律尺斛積得二斗七升二合四勺。」此即戶部量與嘉量容積之差數也全國度量衡局存有戶部倉斗一件。

衡法：

斤十六　兩　錢十　分　釐十　毫　絲十　忽十　以下並與度法同。

康熙年間御製律呂正義以古十二銖為今二錢五分十錢為兩十六兩為斤三十斤為鈞四鈞

為石旋以黍銖輕重古今歧異復編訂度量衡表取金屬之立方寸為衡制之準名之曰「庫平。」又度法衡法毫以下其數至微並不恒用乾隆年間定地丁銀數以鎰為斷。

田法：頃、畝、分。

（頃　百畝　畝　積二百四十步　分　積二十四步）

順治十二年（民元前二五七年）定丈量規則須部鑄步弓尺凡州縣用步弓依秦漢以來舊制廣一步縱二百四十步為一畝各旗莊屯田用繩每四十二畝為一繩。（六畝為晌七晌為繩。）乾隆十五年（民元前一六二年）以部定五尺之弓二百四十弓為一畝據會典「凡丈地五尺為弓二百四十弓為頃。」（頃方百四十步又三分步之二百八十四。數理精蘊載「每方里積五百四十弓為畝畝方十五步又三分步之五。百畝為頃。」）

十方畝等分之即為畝制之一。又戶部則例載：「每畝直測之為廣一步縱二百四十步方測之為橫十五步縱十六步」考中國舊制一方里為三萬二千四百方步合十二萬九千六百方步

（每步五尺俗亦作弓。）則清代定制畝均為六十方丈或二百四十方丈即一畝之單位也其積算

地面多寡則用十進十退位法如以營造尺方五尺為步畝積二百四十步十進之為十畝十退

之為分、釐毫絲忽以其便於計算也。

按清初關於田畝之清丈，原規定每五年舉行一次，並令各省將營造尺及地畝所用尺度之長

短標準刻石立碑以垂永久圖二四即各省地方所立石碑之一。

里法：

三百六十步計一百八十丈爲一里。

據會典『度天下之土田凡地東西爲經，南北爲緯，經度候其月食，緯度測其北極以營造尺起

度，五尺爲步三百六十步爲里凡緯度一爲里二百經度當赤道下亦如之……』又據數理精

蘊『古稱在天一度在地二百五十里今尺驗之在天一度在地二百里。古尺得今尺之十分之八。』則清代

第二四圖

清初地畝尺勒石圖

司須官尺

乾隆三十二年

地畝尺

營造尺式

度制雖仍取法於累黍，而揆諸在天一度在地二百里，及每里一千八百尺之文，實合赤道周以

三百六十度等分之密率，而與營造尺三十六萬相脗合也。

凡度量衡自單位以上則曰十百千萬億兆京垓秭穰溝澗正載極恆河沙、阿僧祇那由他、不可

思議、無量數。

據數理精蘊：『自億以上有以十進者，如十萬曰億十億曰兆之類；有以萬進者，如萬萬曰億，萬

億曰兆之類；有以自乘之數進者，如萬萬曰億億億曰兆之類今立法從中數』即萬進法也。

清初度量衡法，並無所謂基本單位與往代相同其命位法據數理精蘊：『凡數視所命單位為

本，如度法命丈為單位則尺寸分釐皆為奇零命尺為單位則寸以下為奇零而丈則進而為十，

若命寸為單位則分以下為奇零而尺則進而為十丈則進而為百量法命石為單位則斗升合

勺皆為奇零命斗為單位則升以下為奇零而石則進而為十若命升為單位則合以下為奇零

而斗則進而為十石則進而為百衡法命兩為單位則錢分釐毫為奇零命錢為單位則分以下

為奇零，而兩則進而為十若命分為單位則釐以下為奇零而錢則進而為十兩則進而為百

云。」是知清初度量衡法，並無基本單位也。

## 第五節　清初度量衡之設施

清初度量衡行政並無具體辦法，僅對於各省地方作爲標準或官司出納之器，規定均由中央頒發在當時雖覺整齊劃一但對於官民所用不合法定之器具並未嚴格執行檢查取締致蹈歷代有法無政之覆轍所以清代官民用器始終未能完全劃一茲述其施行狀況於次：

度器之種類經規定者僅直尺一項其名稱爲「律尺」與「營造尺」但是對於民間通用之「裁衣尺」仍聽其沿用並定其比例率營造尺一尺爲裁衣尺九寸營造尺一尺一寸一分一釐一毫爲裁衣尺一尺律尺一尺爲裁衣尺七寸二分九釐律尺一尺三寸七分一釐七毫爲裁衣尺一尺。

量器之頒發及檢驗辦法係由工部依照戶部庫儲式樣製造鐵斛鐵斗鐵升各若干具鐵斛一存戶部，一發倉場，一發漕運總督，其餘頒發各省布政使司糧道及內務府官三倉恩豐倉各一具鐵斗鐵升亦頒發各直省通行遵用各倉所用木斛，均以鐵斛爲標準之器；又戶部頒發漕斛倉斛辦法，

各省徵收漕糧及各倉收放米石俱由部頒發鐵斛令如式製造木斛較準備用各州縣製造木斛所

需木料應於春間預辦板料曬乾然後成造八月送糧道較驗烙印其毋庸換造者亦將舊斛送道較

驗加烙某年復驗字樣京道各倉木斛三年一製呈明倉場烙印凡收放米糧日期所用斗斛每晚隨

廒封驗次早驗封給發通倉由倉場查驗京倉由查倉御史查驗監收旗員一律覆較如與鐵斛稍有

贏縮飭令隨時修理。

按清初各倉收兌糧米，雖經規定以漕斛為官用之器，但官吏並未能始終奉行，據戶部則例進

倉驗耗門內載『坐糧廳收兌糧米俱用洪斛，進京倉洪斛每石較倉斛大二斗五升進道倉洪斛每

石較倉斛大一斗七升是按正兌加耗二五改兌加耗一七核算至光緒二十七年始改新章取銷正

兌改兌各項耗米一律按平斛（平斛即倉斛）兌收各倉放米亦以平斛開放云云』當時官用漕斛與洪

斛及關東斛之比例率據會典載『戶部倉斛十二斗五升為洪斛十斗倉斛十斗為洪斛八斗倉斛

十斗為關東斗五斗洪斛十斗為關東斗六斗二升五合。

權衡器具之種類分天平砝碼戥秤四種天平砝碼之形式與其製造之材料據會典載：

平者為衡重者為權衡以鐵為之其上設準為兩尖齒形衡以鐵方錠正立上齒貫方錠上周尖

向下適當錠中不動下齒屬於衡尖向上插入方錠下周之空縫綰之以樞使衡可左右低昂而

齒亦與之左右衡之兩端各以鐵鈎二綰鐵索四懸二銅盤左右適均上齒本有孔貫以鐵鈎懸

於架用時一盤納物一盤納權視方錠中上下兩齒尖適相值則衡平而權與物之輕重均（如

圖二五）

砝碼為扁圓形上下面平質用黃銅以寸法定輕重之率黃銅方一寸重六兩八錢。關於砝碼之

深徑體積均有規定如圖二六所示為清初一百兩法馬形式。

砝碼之組織如一百兩砝碼每副自一分至一百兩共二十八件。一千兩砝碼每副自一分至五

百兩共三十二件。一千六百兩砝碼每副四圓每圓四百兩頒發辦法自道庫以上及西安駐防營坐

糧廳均發給一百兩砝碼二副一副為正砝碼一副為副砝碼。盛京吉林黑龍江等處發給一千兩正

副砝碼各一副各省彈兌銅鉛發給一千六百兩正副砝碼各一副各處赴部請領時工部司官會同

戶部司官及該處委員公同較準具結發用。如正砝碼使用日久銅輕即以副砝碼兌放應用將正砝

碼送部換鑄，副砝碼用久亦照此辦理，不得將正副二砝碼同時請換。全國度量衡局存有清初較準砝碼。

第 二 五 圖

清初部庫天平形式圖

清初砝碼形式圖　第二六圖

秤之最大秤量百斤，小秤十斤至五十斤，小盤秤二斤至十六斤戥之最大秤量大戥五十

兩至百兩小戥十兩至三十兩。內外各公家機關如需用戥秤之類，並由工部令秤匠製造發給應用。

此外各州縣地方所用準度營造出納邦賦之度量衡器，係由布政使司依照部頒器具之形式

大小製造發給所屬地方應用凡官司所掌營造官物收支錢糧貨賦以及市廛里巷商民日用之度

量衡器具皆須如式較定方准行用。

清廷於法定制度施行後又恐日久玩生或有弊竇發現，規定法律數行如左：

一、各省布政使將錢糧解部時庫官應以庫存法馬較準輕重，如果與報告之數目相符，方可兌

收，否則該省解官卽須聽候參辦。

二、收支錢糧之官吏，倘將自己保管之部頒權度私自改鑄，應受笞刑一百其因行使私鑄權量

而得利益者按坐贓論罪代鑄之工匠亦應受笞刑八十監督官吏若知情不舉與犯者同罪但死罪

減一等若不知情僅失於覺察，由死罪減三等論罪，並受笞刑一百。

三、民間如有不遵法律私造或私用不合規則之度量衡，或在官府業經檢查之度量衡上加貼

補削者，應受笞刑六十，工匠同罪。

四、私用未經官府較勘烙印之度量衡，雖大小輕重與法定制度相等，亦受笞刑四十。

五、各衙門製造之度量衡，若不守法定形式，主任官吏與工匠應受笞刑七十，監督官吏不知情者同罪減一等，知情同罪。

## 第六節　清代度量衡行政之放弛

清初考定度量衡制度頗為慎重，規定之法律亦甚嚴厲，設能重視檢定檢查辦法，則官司出納及社會交易所用之度量衡器自可永久保持整齊劃一狀況，顧以行政上並無系統各省官吏均是陽奉陰違，積時漸久，致蹈歷代積弊覆轍。在清代中葉官民用器又復紊亂如前，且政府制器一經頒發從未聞有較準之舉，而有司保守不慎，屢經兵燹已無實物可憑，即以有清一代度量衡之祖器而言，中間亦經重製，據漕運全書建造斛支門內，載：「康熙年間戶部提準鑄造鐵斛頒發倉場總漕及有漕各省戶部存祖斛一張，祖斗一個，祖升一個，至乾隆五十二年（民元前一二五年）戶部所存

之鐵斛鐵斗鐵升竟遭回祿，五十三年經工部另鑄，嘉慶十二年（民元前一〇五年）以戶部所存之鐵斛鐵斗鐵升係經另鑄之器乃咨取倉場康熙年間所鑄鐵斛鐵斗鐵升與戶部所存之器比較結果鐵斛相符鐵斗鐵升校對相差移咨工部查照倉場所存鐵斗鐵另行鑄造」等語又據戶部則例收較斗斛事宜載：『戶部印庫所儲鐵斛一張、鐵斗一個，鐵升一個係嘉慶十二年由工部照倉場鐵斗鐵升鑄造』等語。具見清代度量衡祖器之業已毀失，而保守官吏之不慎與當時政府對於度政之懈弛情形亦可想見矣。

清政府對於統一度量衡之計劃，既未能始終努力，於是各省官吏均採用姑息放任政策，因之度量衡制度逐漸嬗變愈趨愈亂就法定之營造尺而論其在北京實長九寸七分八釐其在太原長九寸八分七釐其在長沙長一尺零七分五釐同一斗也在蘇州實容九升六合一勺在杭州容九升二合四勺，在漢口容一斗零一合一勺；同一庫平兩也其在北京實重一兩零五釐其在天津重一兩零零一釐五毫；此特就合乎制度之器具而言至於未經法定之器名目紛歧尤屬莫可究詰在度有高香尺、木廠尺、裁尺、海尺、寧波尺、天津尺、貨尺、桿尺、府尺、工尺、子司尺文

工尺、魯班尺、廣尺、布尺之分；量有市斛、燈市斛、芝蔴料斛、麵料斛、楓斛、野斛、公斗、仙斛、錦斛之分；權衡有京平、市平、公砝平、杭平、漕平、司馬平之分一一比較均不相同甚至有大進小出希圖牟利之事實發生所以當海禁開放以後東西各國籍口官民用器漫無準則遂在條約上規定一種標準即所謂海關權度此清政府對於度政廢弛之情形也。

## 第七節　海關權度之發生

清道光以後中外通商漸臻繁盛，於是有海關之設以便稽徵進出貨稅，自咸豐八年（民元前五四年）中英中美中法天津條約訂立以後各約所附通商章程規定邀請外人幫辦稅務而海關行政權即已旁落清廷於是年聘用英人需司為總稅務司組織海關衙門即賴之以為賠款償還及借款抵押之擔保品其後因借債機會英商復持其在國際貿易第一位之資格保證其總稅務之地位而吾海關行政權可謂完全操於外人之手一切自成其制早已不在中國行政系統之內，所用度量衡幣亦間在中國法律規定之外為圖彼方便利計藉口我國度量衡龐雜紛亂漫無一定，故常有

專款規定互相折合之辦法。自咸豐八年爲始。所謂海關權度制卽已發生名曰「關平」「關尺，」

較康熙時部定制度已相去漸遠矣。

通商條約規定之度量衡互相折合辦法，約可分爲五類：

一以英制爲標準規定中制者：凡有稅則內所算輕重長短，中國一擔卽係一百斤者以英國一百三十三磅零三分之一爲準，中國一丈卽十尺者，以英國一百四十一因制爲準中國一尺卽英國十四因制又十分英制之一，英國十二因制爲一幅地三幅地爲一碼四碼欠三因制卽合中國一丈，均以此爲例。（見清咸豐八年中英通商章程第四款）此類折合辦法英吉利美利堅丹麥比利時等國均屬之。

二以法制爲標準規定中制者：凡有稅則內所算輕重長短，中國一擔卽係一百斤者以法國六十吉羅葛稜廢零四百五十三萬稜廢爲準，中國一丈卽十尺者，以法國三邁當零五十五桑的邁當爲準中國一尺卽法國三千五百五十八密理邁當均以此爲例。（見咸豐八年中法通商章程第四款）此類折合辦法，法蘭西義大利等國均屬之。

三，以德制爲標準，規定中制並附載法制者：凡有稅則內所算輕重長短，中國一擔卽係一百斤者，以普國暨德意志公會各國一百二十嗶哦（Pfimd）二十七嗶哦（Lot）一古應哦（Qnent）八咇哦（Zent），卽法國六十吉羅葛稜廢零四百五十三葛稜廢是爲中國一百斤，中國一丈卽十尺者，以普國暨德意志公會各國十一呋嘶（Fusz）三咋哩（Zoll）零九分，卽法國三邁當零五十五桑的邁當是爲中國一丈，卽普國十三制零七分，卽法國三百五十八密理邁當照此爲例。（見咸豐十一年中德通商章程第四款）此類折合辦法德意志奧地利亞等國均屬之。

四，以粵海關製定式爲標準製定器具發給以供應用者瑞典國挪威國等各口岸領事官處，由中國海關發給丈尺秤碼各一副以備丈量長短權衡輕重之用，卽照粵海關部頒之式，蓋戳鐫字五口一律以免參差滋弊，（見道光二十七年中國瑞典挪威貿易章程第十二款）秤碼丈尺均按照粵海關部頒定式，由各監督在各口送交領事官以照劃一。（見同治三年中國日斯巴尼亞條約第三十款及光緒十三年中葡條約第四十款）

五，以奏定劃一標準各省一律採用以利中外商民爲辭者：中國因各省市肆商民所用度量權

衡參差不一並不遵照部定程式，於中外商民貿易不無窒礙應由各省督撫自行體察時勢情形會

同商定劃一程式各省市民出入一律無異奏明辦理，先從通商口岸辦起，逐漸推廣內地惟將來部

定之度量權衡與現制之度量權衡有參差或補或減應照數核算以昭平允。（見光緒二十九年中

日通商行船續約第七款）

以上與我國訂約通商之國其列明關於稅則所用之度量衡，如英、美、丹、比、法、義、德、奧諸國均各

將其國所用之制度與吾國之一擔一丈一尺列明比較數於條文當時英、美、丹、比同爲英制法義用

法制德奧用德制現比、德、奧均改從法制故現在條約上有效之比較數不外海關制與英制法制比

較數兩種據上列之折合數,既不合於吾國舊有制度且條約上原訂之比較數已不合於各國現行

制度，故海關制度之本身標準不定早不成其爲獨立制度矣。

# 第八節　清末度量衡之重訂及其設施

清末重訂度量衡劃一辦法之議肇端於光緒二十九年，（民元前九年）彼時因各省商民所

用度量衡器，並不遵照部定程式各地自爲風氣，參差錯雜不可究詰，逐經中外通商條約規定，先行劃一程式，從通商口岸辦起逐漸推及內地當時政府正在變政維新之際，對於度政日日宣言改革，但以瞻弊已久一時並無切實辦法直至光緒三十三年（民元前五年）清廷又命農工商部及度支部限六個月內會同訂出程式及推行辦法次年三月兩部會奏擬訂劃一度量衡制度及推行章程。

考其原奏列舉事略，約可分爲四端：

一、仍縱黍尺之舊以爲制度之本；

二、師周禮煎金錫之意以爲製造之本；

三、用宋代太府掌造之法以爲官器專售之計；

四、採各國邁當新制之器以爲部廠仿造之地。

會奏既上，依議進行，農工商部逐派員至國外考察，並咨行駐法使臣商同巴黎萬國權度公局，製定鉑銥合金原器鎳鋼合金副原器及精密檢校儀器，宣統初年該項原器副原器均由萬國權度公局精密較準給予證書賚送來華即在部內設立度量權衡局辦理推行事務並購地址一區建設

機械製造工廠廠內所用汽機及帶動大小機床，均係購自德商其尺秤升斗有須手工製造者，另設手工廠。旋以廠址建築告成於宣統二年（民元前三年）開工此爲清末重訂度量衡經過之情形也。

後以正在進行之際國體變更工廠中輟於是改革度量衡之議卒未果行但當時所擬劃一制度，一切應用科學方法以萬國公制之公分長度與公分重量規定營造尺之長度與庫平砝碼之重量爲近代嚴密度量衡之發端焉茲述其制度及推行章程於次：

A、釐定標準：

一度——仍以營造尺爲度之標準，彼時因清初工部營造尺之祖器業已無存，欽天監所存康熙乾隆兩朝之儀器及內務府所有乾隆時之嘉量因質有漲縮，或器經重製其尺寸與載籍均微有不符未可引以爲據惟倉場衙門所存康熙四十三年之鐵斗其面底方寸之度與欽定律呂正義所圖營造尺之度若合符節最堪依據卽以律呂正義之尺度定爲營造尺之尺度，並以之與法國邁當尺相較適合法尺三十二生的邁當（卽三十二公分）之數卽法制一尺合中國營造尺三尺一寸二分五釐之數遂依此長度向法國定製鉑銥原器及鎳鋼副原器作爲度之標準歸農工商部恆久保

藏以昭信守。

二、量——仍以漕斛為量之標準以倉場衙門所存鐵斛一隻係乾隆十年部鑄準倉斛，其式口

狹底廣易於用斂故仍舊其尺寸形式。

三、衡——仍以庫平為權衡之標準，在法國定製庫平兩砝碼鉑銥原器及鎳鋼副原器改清初

所訂衡之標準，金銀每立方寸之比重為純水一立方寸之比重其說云「《會典》原定權之輕重係以

黃銅方一寸重六兩八錢為率，與數理精蘊所載以金銀銅鉛定寸法之數已未必盡符今理化之學

日精，五金質地純雜稍殊即輕重立判未便仍泥舊法當從各國之制以營造尺一立方寸純水之重

為權之重率而以西書所載純水與五金之比重為金銀每方寸之重以免差異云」

B、增定器具之種類：

清末重訂度量權衡辦法時為適於行用計對於度量衡器具之種類略有增加對於度量衡器

具之形式亦多改善例如：

度器內增定「矩尺」「摺尺」「鏈尺」「捲尺」四種其所具理由：《會典》營造尺之外僅

有裁衣尺名目與營造尺同為直尺,各省木工間用曲尺,周規折矩,自較直尺為便,近日鐵工亦有用

之者故增定曲尺一種,而正其名為「矩尺」又直尺過長,不便攜帶,東西各國皆有摺尺之制,實為

簡便詳密,漢志度制用銅尺,長一丈,用竹長十丈,疑亦是摺尺,否則十丈之尺安所置之,故採取其制增

定「摺尺」一種,又按皇朝通志順治十年定丈量規則,頒步鑄步弓尺,凡州縣量地用步弓各旗莊

屯田用繩,今各省量地罕用弓步,多用木尺,開廣並有用康熙錢十枚排為一尺,以代弓步者,惟旗地

尚多用繩,現南苑墾務之繩尺,係用鐵製以一尺為一節,每五尺加一鐵圈,每繩長二十弓,與東西各

國鏈尺之制相同,即各處鐵路勘線,亦用外國鏈尺不用步弓,詳考舊日弓形可以意為長短,並得手

為高下,滋弊既多,勢須改作,繩尺雖較弓形為準便,然亦有斜曲之虞,擬即一律改用「鏈尺」以為

計里計畝之標準,再測量地形,登山涉水,所用之尺,自以捲尺為便,各國所製,有用革,用蘇,用金類之

不同。各省丈量木牌向有用篾尺圍其圓徑謂之灘尺,海關即多用皮帶圍之,擬即增定「捲尺」一

種,以備量圓及估計凸凹之用。」

量器內增定勺合二種;並以民間量油酒之器多用圓形,各省量穀亦有用圓筒為升者,量酒雖

論斤，而斗亦有用圓竹筒者故於此規定勺合升斗各量器，均兼備方圓二種；又以會典無氍之制然

各處多用之量器除流質物易於眠平外，如米穀乾質物類於面積上小有窪隆則糶糴之間必有收

其耗者故於此增定氍制用丁字式。

權衡器內將天平之方環改爲圓圈兩夾改爲對針將法馬改爲圓筒形不用扁形舊式又以會

典權制每千兩之法馬自一分至五百兩凡三十二件而各國之制每數一位用權四件權十以內奇

偶之數皆可適用故採取其制定分之位爲一分者一二分者二五分者一列奇數如三七偶數如四、

六、八、〇皆可分權自一錢至五錢一兩至五十兩百兩至五百兩皆用此法每一位爲四

件並增定一釐二釐五釐一毫二毫五毫六種砝碼此外桿秤戥秤均仍舊式製備；並以英國磅秤可

權重物關權商埠多用之擬即採用惟磅係英權之名茲用中數記斤兩不用英數亦不再沿磅秤之

名稱改名爲重秤雖兼列英數以便比較但常用中權以昭劃一。

C、推行章程：

　一、製造原器及用器，以原器爲劃一全國度量權衡之本，故向法國訂製最精細之營造尺及庫

平兩砝碼各一具以爲正原器；再照原器大小式樣造成鎳鋼副原器二份其一代正原器之用其一

歸度支部保藏以備隨時考校之用又照副原器大小式樣造成地方原器頒發各直省爲檢定各種

度量權衡之標準並造各種檢定器具頒發各地方官署及各商會爲檢查度量權衡之用各直省之

度量權衡，無論官用民用悉以部頒原器爲標準並一律行使部廠所製之用器。

二、官民改用新器之先後行用新制各器當先從官用之物一律改起，再及於商用民用之物官

用度量衡器，如在京各部院衙門外省藩司運司糧道各庫以及關差釐稅各局各府廳州縣等凡官

用之物自奉到部發用器後限三個月內一律改用新器；商民改用新制之器當由京師及各省會各

通商口岸辦起，再推及於內地各府州縣之城鄉市鎮，商民所用度量權衡之器有各地方習用已久

難於驟改者自部製新器頒省之日始予限十年十年之後一律不准行用但需用之舊器無論度量

權衡，每處每樣以留最通行之一種爲斷，在十年限期之內定以分年辦理之法卽省城及商埠所留

之舊器，在前三年應改用新器再以三年之期使各廳州縣所留之舊器全改用新器。

三、設局推行新制——各直省設立度量權衡局一所承督撫之命督察各地方專理度量衡事

宜，各省度量權衡局自奉到奏定新章之日始，限一個月內即行設立各省度量權衡局設立之後，即應遴派人員分赴各處會同地方官及商會將應行留用之舊器一種檢定，並將應行廢止之舊器調查明晰限一年內呈報撫送部核定。

四、防弊辦法——所留舊器准用而不准造；所有製造舊度量衡器之店，自各處奉到部頒新器，三個月之內一律停其造賣其店主及行夥准其入部設製造廠學習以販賣或修理新制度量衡為業者，應由地方官呈請農工商部註冊給照准其販賣修理惟尺及砝碼不能修理。

第四六表　清代度量權衡名稱及定位表

| 度 | 毫 | 釐 | 分 | 寸 |
|---|---|---|---|---|
| | 十絲即尺之萬分之一 | 十毫即尺之千分之一 | 十釐即尺之百分之一 | 十分即尺之十分之一 |

| 項目 | 換算 |
|---|---|
| 尺 | 十寸定為度之單位 |
| 步 亦稱弓 | 五尺 |
| 丈 | 十尺 |
| 引 | 十丈 |
| 里 | 一百八十丈即三百六十弓 |
| 地積 | |
| 方尺 | 一百方寸 |
| 方步 | 五尺平方即二十五方尺 |
| 方丈 | 四方步 |
| 分 | 二十四方步即六方丈 |
| 畝 | 二百四十方步即十分 |
| 頃 | 百畝 |
| 方里 | 五百四十畝 |
| 量 | |

| 勺 | 合 | 升 | 斗 | 斛 | 石 | 衡 | 毫 | 釐 | 分 | 錢 | 兩 | 斤 |
|---|---|---|---|---|---|---|---|---|---|---|---|---|
| 十撮卽升之百分之一 | 十勺卽升之十分之一 | 十合定爲量之單位 | 十升 | 五斗 | 十斗 |  | 十絲卽兩之萬分之一 | 十毫卽兩之千分之一 | 十釐卽兩之百分之一 | 十分卽兩之十分之一 | 十錢定爲衡之單位每水溫攝氏四度時之純水一立方寸之重今重八錢七分八釐四毫七絲五忽忽以下四捨五入 | 十六兩 |

上述清末重訂度量衡劃一辦法與清初舊制有不同之點：

關於原器方面　吾國歷代度量衡之標準因農爲立國之基，故取度以秬黍爲則，衡則以金類

一立方寸之重爲基本，清初仍之，一切均非科學方法原無固定不變之標準，清末科學漸有輸入朝

野上下羣倡改革之議，農工商部重訂劃一度量衡時因當時部臣處於專制淫威之下恪遵祖制自

屬不容異議但於奏定營造尺庫平制爲標準以後即派員至國外考察並向萬國權度公局制定鉑

銥原器及鎳鋼副原器精密檢校儀器一切應用科學方法以萬國公制之公分長度與公分重量規

定營造尺之長度與庫平砝碼之重量於是始有近代確定之標準實爲中國度量衡沿革上之一大

進步也。

關於制度方面　以里法歸入度數，並以度衡法自毫以下之小數名稱均不恆用，故擬定度

與衡之單位皆起於毫又清初度量衡制並無基本單位之規定而清末重訂之制則規定度法以尺

爲基本單位量法以升爲基本單位，衡法以兩爲基本單位。

此外關於用器　增定之種類已詳前節比較適於行用，雖所定天平之構造仍係清初舊式，不

能十分精準，但當時中國幣制多用生銀稱銀動至千百兩，且時時用之，各國精製天平不堪應用，故未仿製也。

## 第九節　關於第五時期度量衡之推證

清初工部營造尺其真確之長度，經種種推測，有次述諸說：

一、據李善蘭氏談天凡例，據數理精蘊載在天一度在地二百里之文，又以英尺所計赤道周之密率以三百六十度等分之推得一工部營造尺等於公尺之三〇・九公分。

二、據鄒伯奇遺書圖式推得一工部營造尺等於公尺之三一・三公分。

三、據會典圖式推得一工部營造尺等於公尺之三一・七公分。

四、據吳大澂實驗考圖式推得一工部營造尺等於公尺之三〇・七九公分。

按清末重訂度量衡制度時以倉場衙門所存康熙四十三年之鐵斗其面底方寸之度，與欽定律呂正義所圖營造尺之度若合符節定為一工部營造尺等於公尺之三二・〇公分該項鐵斗現

經編者考證其面底方寸之度，平均數為二五・六公分，證以清初定制斗式面底方八寸之說，推得工部營造尺之長度，與清末之考證相符。但執器以求數寒暑不同漲縮互異，本難得其準的據圖以求數，輒刊偶誤，所差實多，亦難依以為據，又按我國古時所謂周天實即周地今以周天作為三百六十度取地球赤道周為計量則四萬公里分為三百六十度每度應合一一一・一公里，數理精蘊載在天一度在地二百里，如是清代里制每里應合〇・五五六公里，每一千公尺為一公里則清代里制每里應合五五五・六公尺，清代里制係以一千八百尺為一里則每尺應合〇・三〇八六七公尺，即合三〇・八六七公分。上述諸說互有出入勢難臆斷也。

# 下編　中國現代度量衡

## 第十章　民間度量衡過去紊亂之一般

### 第一節　紊亂之原因

中國度量衡之紊亂，其原因甚多，苟概括而論，約有五端：

一、歷代度量衡之制，雖大要一本於黃鍾之律，而黍有長短，律有變遷，度量衡之起源，既無絕對之標準，且乏永久不變之性質。

二、歷朝定鼎之始，均以制禮作樂爲先急之務，律尺之考證，乃爲士大夫所樂爲，而對於民間所用度量衡之是否適於行用，則往往採用放任政策，未能深切注意。

三、政府對於統一度量衡，未能始終努力以求貫澈，歷代於開國之初，對於度量衡間有定式較

勘之舉，但僅推行一時，每以時期不久督察之力卽漸弛，而取締之功效亦隨之俱失矣。

四、官司出納之度量衡，未能實事求是，往往巧立名目，出入均失其平，其用於收入者，必較支出者爲大，以致上行下效，人民已心重隨亦各自爲制，以較大之度量衡爲買進貨物之用，以較小之度量衡爲賣出之用。

五、政府對於度量衡行政，並不注重檢定檢查政策，雖有定期較勘之規定，從未聞有實行檢查較準之舉，人民利用政府此種弱點機會得以任意將度量衡私下改製以求不正當之利益。

## 第二節　度之紊亂

尺之普通應用，在我國歷史上及民間習慣，不外三種：

一、「律用尺」所謂同律度量衡者是爲合現今市用制六寸至七寸之尺，除制樂外民間少有用之者。

二、「營造用尺」卽凡木工、刻工、石工、量地等，所用之尺均屬之，通稱木尺、工尺、營造尺、魯班尺

等，營造尺爲工人所用，推行較廣，故尺寸之流傳自不能盡行一致，各地流行之營造尺以合現今市

用制九寸上下者爲最多；但自前淸末年規定營造尺爲合三十二公分數十年來民間採用此種標

準者爲數亦自不少。此項舊定營造尺，實合現今市用尺之九寸六分而實際上各地所用營造尺常

有合市尺一尺以上者。

三、「布尺」或「裁尺」，則係量布及裁衣之用，通稱裁尺。我國加尺風氣見於布正之交易者

最盛，故民間應用之裁尺有合現今市用尺一尺至一尺零五六分者。至織布用尺常有合一尺五寸

以上者。

茲將各地尺度在未到一前之複雜情形，列舉數例於次：

第四七表　民間度器紊亂情況表

| 地　點 | 度器名稱或其用途 | 單　位 | 折　合　市　用　尺　數 |
|---|---|---|---|
| 象山（浙江） | 舊木尺 | 每　尺 | 〇、六一〇 |
| 福州 | 舊木尺 | 每　尺 | 〇、五九八 |

| 地名 | 尺名 | 單位 | 每尺 |
|---|---|---|---|
| 蘇州 | 舊營造尺 | 每尺 | 〇、七二八 |
| 福州 | 舊織物尺 | 每尺 | 〇、七四五 |
| 杭州 | 舊木尺 | 每尺 | 〇、八四〇 |
| 上海 | 舊大工尺 | 每尺 | 〇、八四八 |
| 廈門 | 舊木尺 | 每尺 | 〇、八八二 |
| 汕頭 | 舊裁尺 | 每尺 | 〇、八九九 |
| 青島 | 小販用舊竹尺 | 每尺 | 〇、九〇〇 |
| 廈門 | 舊裁尺 | 每尺 | 〇、九〇〇 |
| 赤峯 | 舊大尺 | 每尺 | 〇、九〇六 |
| 營口 | 舊裁尺 | 每尺 | 〇、九二八 |
| 許昌 | 舊裁尺 | 每尺 | 〇、九三〇 |
| 蘇州 | 舊織物尺 | 每尺 | 〇、九三五 |
| 濟南 | 舊木尺 | 每尺 | 〇、九三七 |
| 瀋陽 | 舊工尺 | 每尺 | 〇、九四一 |

| | | 每 尺 | |
|---|---|---|---|
| 長春 | 舊木尺 | 每 尺 | 〇、九四四 |
| 太原 | 舊營造尺 | 每 尺 | 〇、九四八 |
| 成都 | 石匠用舊尺 | 每 尺 | 〇、九五四 |
| 西安 | 舊木尺 | 每 尺 | 〇、九六〇 |
| 天津 | 舊木尺 | 每 尺 | 〇、九七三 |
| 青島 | 舊濰班尺 | 每 尺 | 〇、九八四 |
| 張家口 | 舊裁尺 | 每 尺 | 〇、九九〇 |
| 北平 | 舊裁尺 | 每 尺 | 〇、九九四 |
| 成都 | 舊木尺 | 每 尺 | 一、〇〇〇 |
| 濟南 | 舊裁尺 | 每 尺 | 一、〇二〇 |
| 貴陽 | 舊紗布尺 | 每 尺 | 一、〇二一 |
| 天津 | 舊裁尺 | 每 尺 | 一、〇二二 |
| 青島 | 舊櫃尺 | 每 尺 | 一、〇三二 |
| 杭州 | 舊三元尺 | 每 尺 | 一、〇三六 |

| 地名 | 尺別 | 每尺 | 市尺 |
|---|---|---|---|
| 太原 | 舊裁尺 | 每　尺 | 一、〇三七 |
| 瀋陽 | 舊裁尺 | 每　尺 | 一、〇三七 |
| 長沙 | 舊官尺 | 每　尺 | 一、〇四一 |
| 開封 | 舊裁尺 | 每　尺 | 一、〇四四 |
| 西安 | 舊布尺 | 每　尺 | 一、〇五〇 |
| 漢口 | 舊算盤尺 | 每　尺 | 一、〇五二 |
| 貴陽 | 舊公議尺 | 每　尺 | 一、〇五三 |
| 成都 | 舊裁尺 | 每　尺 | 一、〇五三 |
| 煙台 | 舊裁尺 | 每　尺 | 一、〇五八 |
| 貴陽 | 舊裁尺 | 每　尺 | 一、〇六二 |
| 蘭州 | 舊裁尺 | 每　尺 | 一、〇六八 |
| 福州 | 舊裁尺 | 每　尺 | 一、一一〇 |
| 汕頭 | 舊木尺 | 每　尺 | 一、一一八 |
| 南寧 | 舊排錢尺 | 每　尺 | 一、一二二 |

| | | | | |
|---|---|---|---|---|
| 上海 | 舊造船尺 | 每 | 尺 | 一、二○一 |
| 廣州 | 舊排錢尺 | 每 | 尺 | 一、二四七 |
| 無錫 | 舊布尺 | 每 | 尺 | 一、六二○ |
| 開封 | 舊布尺 | 每 | 尺 | 一、六八五 |
| 熱河 | 舊大尺 | 每 | 尺 | 一、八○六 |
| 營口 | 舊大尺 | 每 | 尺 | 一、八八八 |
| 遷安（河北） | 舊大尺 | 每 | 尺 | 二、六○○ |
| 清河（河北） | 舊布尺 | 每 | 尺 | 三、○九○ |
| 穆林阿（吉林） | 舊裁尺 | 每 | 尺 | 三、七四一 |

## 第三節　量之紊亂

我國關於容量之量器普通以「斗」為單位,但民間實際應用斗之大小相差極多,並且除斛斗升等外,更有桶及管或筒之名稱,而此桶管及筒之大小既無明確之標準,若干筒或若干管為一

三○三

桶，或若干斗爲一桶，亦漫無一定，大抵一筒或一管之容量，多在半升至四分一升上下，我國古升之容量甚小，所謂斛管者殆即古升之標準，各地量器常稱爲若干桶或若干管之斗者，即以此斛管爲計量單位。

我國舊制之升，雖只比現今市升略大數勺，但民間實際應用之升其容量卻有十倍此數爲數至爲參差。茲舉數例於次：

第四八表　民間量器紊亂情況表

| 地點 | 量器或其用途名稱 | 單位 | 折合市升數 |
|---|---|---|---|
| 賀縣（廣西） | 舊通用升 | 每升 | 〇、四七六 |
| 濟南 | 舊糧行筒 | 每升 | 〇、五四七 |
| 啓東（江蘇） | 舊通用升 | 每升 | 〇、七四一 |
| 廈門 | 舊圓錐斗 | 每升 | 〇、八九〇 |
| 福州 | 舊米升 | 每升 | 〇、九一五 |

| 地名 | 器名 | 單位 | 每升 |
|---|---|---|---|
| 南昌 | 舊米升 | 每升 | ○、九二○ |
| 蘇州 | 舊通用斛 | 每升 | 一、○○六 |
| 漢口 | 舊公斛 | 每升 | 一、○三○ |
| 杭州 | 舊杭升 | 每升 | 一、○五三 |
| 安慶 | 舊米升 | 每升 | 一、○五六 |
| 上海 | 舊廟斛 | 每升 | 一、○七五 |
| 廈門 | 舊鼓形斗 | 每升 | 一、○七七 |
| 張家口 | 舊九筒斗 | 每升 | 一、一一○ |
| 北平 | 舊西市斛 | 每升 | 一、一七九 |
| 北平 | 舊糧麥斛 | 每升 | 一、一九八 |
| 漢口 | 舊樊斛 | 每升 | 一、四二二 |
| 開封 | 舊通用斗 | 每升 | 一、四五○ |
| 西安 | 舊米升 | 每升 | 一、六三○ |
| 大谷（山西） | 舊官斗 | 每升 | 二、○二九 |

| 地名 | 舊量器 | | 容量 |
|---|---|---|---|
| 濟陽 | 舊濟斗 | 每　升 | 二、二五七 |
| 太原 | 舊官斗 | 每　升 | 二、三八二 |
| 長春 | 舊官斗 | 每　升 | 二、四二一 |
| 絞遠 | 舊官斗 | 每　升 | 二、五三五 |
| 煙台 | 舊錦斛 | 每　升 | 二、八二六 |
| 成都 | 舊官斗 | 每　升 | 二、九六一 |
| 長春 | 舊通用斗 | 每　升 | 三、二〇〇 |
| 齊齊哈爾 | 舊通用斗 | 每　升 | 四、二二一 |
| 廣州 | 舊米斗 | 每　升 | 四、八六五 |
| 赤峯 | 舊通用斗 | 每　升 | 五、〇六五 |
| 圍場 | 舊通用斗 | 每　升 | 六、一〇六 |
| 榮城（山東） | 舊廂升 | 每　升 | 八、〇〇〇 |
| 蘭州 | 舊市升 | 每　升 | 八、四〇〇 |

第四節　衡之紊亂

向者民間關於輕重之計量普通應用多以「斤」為單位，清代規定衡制之標準雖為庫平；但因物品之種類不一售賣之方法不同（零售或蠆售）於是秤之種類亦極形複雜通常以水菓肉類之秤比較為最小而以棉花燃料之秤為最大舖店零星賣出大抵通用十四兩上下之秤其重量常在現今市斤之八折至加五釐之間有時水菓秤不及市斤半斤舖店大批買進多用較大之秤平均約合現今市斤之加一至加二之秤所謂足十六兩秤住家備用並攜出市面買柴用之秤亦屬此類是乃城市民眾及有產階級攜用大秤以與肩挑負販及農家苦力之小秤較其錙銖也甚且店家大批向農家採集原料燃料等其所用之秤常合現今市斤一斤半上下其超出二市斤者，亦間有之。言其砝碼亦有數種：如漕砝約合庫平十六兩為一斤，蘇砝約合庫平十四兩四錢為一斤，廣砝約合庫平十五兩四錢為一斤，秤之大小並不拘拘於砝碼就其大小隨意而定普通所謂漕砝秤、蘇砝秤、折秤或會館秤千變萬化不一而足茲舉數例於次：

第四九表　民間衡器紊亂情況表

| 地點 | 衡器名稱或其用途 | 單位 | 折合市斤數 |
|---|---|---|---|
| 杭州 | 舊炭秤 | 每　斤 | 〇、五七〇 |
| 濟南 | 舊對合秤 | 每　斤 | 〇、五七八 |
| 赤水（貴州） | 舊通用秤 | 每　斤 | 〇、六五五 |
| 江陰 | 舊錫秤 | 每　斤 | 〇、八〇〇 |
| 廈門 | 舊廈秤 | 每　斤 | 〇、八二七 |
| 福州 | 舊平秤 | 每　斤 | 〇、九〇一 |
| 北平 | 舊水菓秤 | 每　斤 | 〇、九四四 |
| 上海 | 舊茶食秤 | 每　斤 | 〇、九八七 |
| 上海 | 舊會館秤 | 每　斤 | 一、〇五六 |
| 漢口 | 舊小整秤 | 每　斤 | 一、〇二六 |
| 圍場 | 舊通用秤 | 每　斤 | 一、〇三五 |

| 地名 | 秤別 | 單位 | 每市斤數 |
|---|---|---|---|
| 青島 | 舊三百秤 | 每　斤 | 一、○六二 |
| 北平 | 舊平秤 | 每斤 | 一、○六六 |
| 寧波 | 舊官秤 | 每斤 | 一、一○六 |
| 呼蘭（黑龍江） | 舊通用秤 | 每斤 | 一、○八○ |
| 漢口 | 舊公議秤 | 每斤 | 一、一○二 |
| 開封 | 舊平秤 | 每斤 | 一、一一○ |
| 張家口 | 舊平秤 | 每斤 | 一、一二五 |
| 西安 | 舊通用秤 | 每斤 | 一、一四三 |
| 鳳陽（安徽） | 舊漕秤 | 每斤 | 一、一五一 |
| 瀘山（貴州） | 舊通用秤 | 每斤 | 一、一五二 |
| 太原 | 舊通用秤 | 每斤 | 一、一五四 |
| 南昌 | 舊鈎秤 | 每斤 | 一、一六二 |
| 永順（湖南） | 舊鹽秤 | 每斤 | 一、一六九 |
| 南寧 | 舊司馬秤 | 每斤 | 一、一六九 |

| 開封 | 舊戥秤 | 每 | 斤 | 一、一〇 |
|---|---|---|---|---|
| 南京 | 舊漕秤 | 每 | 斤 | 一、一七三 |
| 濟南 | 舊庫秤 | 每 | 斤 | 一、一九四 |
| 廣州 | 舊司馬秤 | 每 | 斤 | 一、二〇〇 |
| 上海 | 舊司馬秤 | 每 | 斤 | 一、二〇九 |
| 正定（河北） | 舊棉花秤 | 每 | 斤 | 一、四一三 |
| 昆明 | 舊十分戥 | 每 | 斤 | 一、四八一 |
| 眉山（四川） | 舊天平秤 | 每 | 斤 | 一、八〇二 |
| 桂陽（湖南） | 茶墟用舊秤 | 每 | 斤 | 二、一三三 |
| 蘭州 | 舊雙秤 | 每 | 斤 | 二、三〇四 |
| 藁城（河北） | 舊線子秤 | 每 | 斤 | 四、九二一 |

## 第五節 畝之紊亂

我國地積之量法，向來規定以「畝」爲單位，但普通除用畝爲計算單位外，更有種種標準，在

東北各省，有以「响」「天」「方」為計算單位者。遼寧南部各縣每「天」約合六畝北部則稱「响」。每响合十畝接近內蒙各地之新墾地則按「方」計算即每方之土地合四十五响。吉林省量地以「响」為單位每响為二百八十八方弓亦有合二千五百方弓者。黑龍江每「响」合二千八百八十方弓。在湖北省及江以南等省以「石」「斗」為計算單位者每畝平均可收穀二石零。在湖南以「石」「斗」「運」為計算單位者如益陽每石約合六畝零澧州一斗二升約合一畝，邵陽五石約合一畝辰谿每運可收穀一石。此外江西省有以「把」「擔」「扛」「工」「斗」為計算單位者在雲南省以「段」廣西省以「白」「堨」「戶」為計算單位者陝西省以「堨」，山西省以「堨」為計算單位者更有以「座」「方」「繩」為計算單位者並有以「一人一日栽秧之面積或以下種之多寡為計算單位者其複雜情形不一而足。

各省丈量地畝所用之器亦無一定有用弓者有用繩者有用桿子者有用普通尺者即同用弓尺丈量其長短亦不相等例如江蘇崇明縣量地所用之弓等於營造尺四尺八寸青浦縣之弓等於營造尺六尺。浙江永康以營造尺四尺二寸為一弓，德清以五尺一寸八分七釐五毫為一弓平陽以

五尺三寸一釐爲一弓，崇德、新昌、武康以六尺爲一弓，孝豐以六尺二寸爲一弓，桐廬定海等縣並以

魯班尺六尺爲一弓，此僅就江浙二省而言可概一般。

再就同一單位之畝積而言其廣狹亦不一致，我國定制通常以二百四十方步爲一畝，然實際

各地並不完全遵照法定標準畝之大小並不相同卽一省之內或一縣之內畝之大小亦不盡同玆

舉數例於次：

第五○表　地積紊亂情況表

| 地點 | 單位 | 折合市畝數 |
|------|------|-----------|
| 寧波 | 舊一畝 | ○、二二四 |
| 無錫 | 舊一畝 | ○、四○二 |
| 江寧 | 舊一畝 | ○、四一五 |
| 寧波 | 舊一畝 | ○、四三一 |
| 杭州 | 舊一畝 | ○、七一一 |
| 汕頭 | 舊一畝 | ○、七六八 |

| 地名 | 單位 | 數值 |
|---|---|---|
| 洛陽 | 舊一畝 | ○、八六六 |
| 開封 | 舊一畝 | ○、八七一 |
| 天津 | 舊一畝 | ○、八七九 |
| 長安 | 舊一畝 | ○、八八二 |
| 昌黎 | 舊一畝 | ○、九○五 |
| 邯鄲 | 舊一畝 | ○、九四○ |
| 南通 | 舊一畝 | ○、九五九 |
| 福州 | 舊一畝 | ○、九六九 |
| 南昌 | 舊一畝 | 一、○二○ |
| 成都 | 舊一畝 | 一、○二四 |
| 蘇州 | 舊一畝 | 一、○一五 |
| 徐州 | 舊一畝 | 一、一四○ |
| 漢口 | 舊一畝 | 一、一五四 |
| 哈爾濱 | 舊一畝 | 一、一九六 |

| 鹽山 | 南寧 | 廣州 | 江寧 | 濰縣 | 濰縣 |
|---|---|---|---|---|---|
| 舊一畝 | 舊一畝 | 舊一畝 | 舊一畝 | 舊一畝 | 舊一畝 |
| 一、二一一 | 一、二六〇 | 一、二七二 | 一、六五九 | 三、四〇九 | 四、八二九 |

# 第十一章　甲乙制施行之前後

## 第一節　採用萬國公制之擬議

當民國成立之初，一般人士以吾國度量衡舊制，無一定準則，紊亂錯雜，自為風氣，承其弊者數千年於茲矣。前清末季雖曾有統一全國度量衡之計劃，卒因時日尚淺成效未覩。民國新立為根本改革絕好時機，乃有適應世界潮流直接採用萬國權度制藉以消滅對外貿易阻礙之擬議；及徵詢其他行政機關意見，亦皆贊同斯議經工商部反覆討論揆之學理按之事實均認為便利可行。其擬議經工商部反覆討論揆之學理按之事實均認為便利可行。

此項擬議經工商部反覆討論揆之學理按之事實均認為便利可行，及徵詢其他行政機關意見，亦皆贊同斯議遂將改革舊制之原因採用新制之理由，彙為說明書提交國務會議通過咨交臨時參議院會議惜此案迄於國會成立並未議決致未果行。

民初工商部廢除舊制採用新制其所具理由係以舊制度量衡無確切之依據且複雜參差進位之法毫無一定量衡與度相關之數亦復畸零不整不便計算；而萬國權度制則依據確當計算簡

明，比例簡切利於科學。至其推行辦法，則係完全採用密達制，推行期限，則區別官商區域各有先後，

以十年爲期，推行全國查其咨國務院原文有：『嘗絜比古今之定制與商民之現情，知欲實行劃一

非全廢舊制不可；又嘗參觀各國之成法及世界之大勢，知欲重訂新法非採用萬國通行之十分米

達制不可。』等語可謂排除一切，獨見其大，頗具革命精神。

當工商部採用萬國權度制時因係創舉必須參照各國成法以便制定法規，曾於民國二年派

陳承修鄭禮明調查歐洲權度，派張瑛緒錢漢陽調查日本權度奉派人員，曾往法比德荷奧意及日

本等國調查並參加萬國權度公局會議對於度量衡行政及製造方法均詳爲考察各有報告比清

季之調查又進一籌矣。

工商部以度量衡制度既經改革，名稱自當確定，乃進行編訂通行名稱當編訂名稱時曾有二

種主張：一曰譯音如云密達立脫耳克蘭姆之類，一曰譯義，如云法尺法里之類譯音之說乃義取大

同意謂採用密達制之各國其定名悉從原音吾國仿而行之既省重譯之勞又可獲交易之便譯義

之說，在以習慣爲前提意謂密達雖爲法制一經吾國採用卽爲吾國固有之制不得不用吾國固有

之名稱既可合民間之習尚，當可以省推行之窒難。二說相提並論，其理兩勝後經詳加審查，認為譯

音不如譯義，譯義不如仍用舊有之「尺」「升」「斤」「兩」等字之有標準意謂譯音雖取大

同之義，然大同之實際在制度不在名稱若謂從原音可省重譯之勞則必確切於原音而後可。然以

法譯漢不惟難於確切並求其近似亦不可得度量衡之為物與民生日用關係至為密切推行之難

易，自當視大多數人民之程度以為轉移密達制之名稱至多二十有奇譯出之音又常佶屈聱牙奇

瑰絕倫若用譯音之法則名詞難解，人民必以難於記憶之故不肯奉法定之準繩且名稱之發生根

據於學理者半根據於社會之習慣者亦半也。吾國國人習慣每於新入之物品不問其性質若何但

視其形式種類與舊有之物相類似者，恆仍以舊名稱之，而於其上冠洋字或其他之字以為區別，如

洋油洋船皆其例也。習尚所移，如水赴渠與其強為規定，致增駢疊之憂何若利用舊習俾收便民之

效，故曰譯音不如譯義，譯義不如仍用舊有之「升」「斤」「兩」等字之為得也。茲經工商部詳

加研究擬定名稱如左：

第五一表　民初編訂通行名稱表

# 度名表

| 法文原名 | 新名 | 比例 |
|---|---|---|
| Kilometre | 新里 | 千新尺 |
| Hectometre | 新引 | 百新尺 |
| Decametre | 新丈 | 十新尺 |
| Metre | 新尺 | 準個 |
| Decimetre | 新寸 | 十分之一新尺 |
| Centimetre | 新分 | 百分之一新尺 |
| Millimetre | 新釐 | 千分之一新尺 |

# 量名表

| 法文原名 | 新名 | 比例 |
|---|---|---|
| Kilolitre | 新石 | 千新升 |
| Hectolitre | 新斛 | 百新升 |

## 衡名表

| 法文原名 | 新 | 名 | 比例 |
|---|---|---|---|
| Decalitre | 新 | 斗 | 十新升 |
| Litre | 新 | 升 | 準個 |
| Decilitre | 新 | 合 | 十分之一新升 |
| Centilitre | 新 | 勺 | 百分之一新升 |
| Millilitre | 新 | 撮 | 千分之一新升 |
| Kilogramme | 新 | 斤 | 千新錙 |
| Hectogramme | 新 | 兩 | 百新錙 |
| Decagramme | 新 | 錢 | 十新錙 |
| Gramme | 新 | 錙 | 準個 |
| Decigramme | 新 | 銖 | 十分之一新錙 |
| Centigramme | 新 | 累 | 百分之一新錙 |
| Milligramme | 新 | 黍 | 千分之一新錙 |

## 第二節　甲乙兩制並行之擬訂

民國元年，工商部廢除舊制採用萬國公制之議，因國會未予通過其議卒不果行，嗣農商部成立，長部者爲張謇以公尺過長，公斤過重，數千年之民情習俗不易變更迄于民國三年擬訂權度條例草案決定採取兩制並行之法即一爲營造尺庫平制省稱甲制一爲萬國權度通制省稱乙制甲乙兩制雖同爲法定制度，而甲制不過過渡時代之輔制比例折合均以萬國權度通制爲標準至於通制名稱當時聚訟紛紜莫衷一是日本縮名不便應用學者有議取「厂」「里」「行」等而實以十百千等字者經研究結果以其說太偏不易實行施於田畝體積其用亦窮權度爲民生日用所必需，非如化學之可以金字偏旁別金屬與非金屬也造字不可，則譯音之說起但當時農商部以吾國之於通制之尺有譯爲邁當者有譯爲密達者有從日譯爲米突者而十百千倍之名稱尤爲佶屈聱牙難於卒讀同一斤也，或爲吉羅葛稜麼，或爲基羅克蘭姆或爲啓羅格蘭姆民元工商部對於此問題曾函致各部派員討論分爲譯音譯義兩派，最後決定以中國原有名稱而冠以新字啟羅格

蘭姆與啓羅邁當，謂之新斤新里，其意甚善後權度法以「新」字爲冠首不成名詞，依照國會（時

嚴復任權度審查長）改用萬國公制之「公」字，遂定焉。

四年一月北京政府大總統以權度法公布之

## 民四權度法摘要

一、權度以萬國權度公會所制定鉑銥公尺公斤原器爲標準。

二、權度分爲左列二種：

甲、營造尺庫平制　長度以營造尺一尺爲單位重量以庫平一兩爲單位營造尺一尺等於公尺原器在百度寒暑表零度時首尾兩標點間百分之三二庫平一兩等於公斤原器百萬分之三七三○一。

乙、萬國權度通制　長度以一公尺爲單位，重量以一公斤爲單位，一公尺等於公尺原器在百度寒暑表零度時首尾兩標點間之長一公斤等於公斤原器之重。

四年三月，農商部將原有之度量衡製造所，易名爲權度製造所，開始製造標準器具嗣奉大總

統令趕製通用新器因推行期迫，民廠設立需時令由權度製造所一面製備官用標準器，一面趕製民用權度器以足敷北京市用為度並擇地開設新器販賣所以備商民購用，而權度製造所經費因歷來財政部所發之款不敷甚鉅每月由農商部設法墊付幾不足維持現狀故趕製京師市面應需之各項民用器具未能按照原定計劃如期一律造齊。

四年六月，農商部於權度製造所外並設立權度檢定所，辦理權度檢定及推行事務，其辦法係由農商部與教育部商定選用國立北京工業專門學校第一期畢業生，由該校酌量增加鐘點由部指定赴歐調查權度回國之鄭禮明氏主持訓練授以權度必要課程俟其畢業後選其成績優異者十六名充任檢定人員所有北京調查事務即責成該員等會同警區在京師區域以內分區調查製造修理權度器具之店鋪職工數目及市面舊有權度器具種類之概數並分任編製舊器與新器各種折算圖表檢定權度製造所製之標準及民用權度器具等工作。當時計劃並擬增設津滬漢粵檢定所四處同時舉辦藉收速效其接近四處通都大埠之推行事務如濟南、煙臺、開封、奉天等處歸天津檢定所辦理，南京、蕪湖、蘇州、杭州等處歸上海檢定所辦理，南昌、九江、岳州、長沙等處歸漢口檢定

所辦理，汕頭、廈門、福州等處歸廣州檢定所辦理；並編製預算書，提交財政部核辦後因政局關係及

推行政令各省未能切實奉行，所有津滬漢粵四處檢定所，並未實行成立。

## 第三節　京師推行權度之試辦

權度法公布以後，北京中央政府以京師爲首善之區民智較爲開通警政亦甚完備宜首先提倡以爲各地模範乃定爲試辦區域以次推及商埠省會農商部遵令籌辦飭由權度製造所趕製京師商民用器並設立推行權度籌備處遴派人員分赴各商店調查所用舊器之種類數量彙爲報告以策進行。旋即成立權度檢定所，辦理推行事務徒以經費支絀之故原議辦法未能立即施行又以商民一再籲請體恤商艱，亦未便操之過急致生紛擾嗣奉明令定於六年一月一日實行當由檢定機關先期遣派檢定人員會同各區警署前赴各商舖執行特別檢查將所有度量衡舊器與法定新器一一比較其有合於法定營造尺庫平制各器者即鏨蓋囸字圖印，准其行用；此外不合法定之器具，概行鏨蓋弍字圖印只准使用至規定換用新器之日爲止並以舊器之材料亦有可以改造利用者，

為體恤商艱計准其以舊器換用新器，因擬定辦法，將營業上所用舊器分類收集限自六年一月起，

度器以一月為期量器以二月為期衡器以三月為期一律辦理完竣每類收集期滿即行使用新器。

其收集方法一由各行商會將各舖所用舊器分別收集彙送權度製造所，改造或銷毀；一由權度檢

定所會同各區警署前赴各商舖將所有舊器分別收集彙送權度製造所改製至新舊器具折合大

小，互有不同，並由權度檢定所製定折算對照表，分送各商舖自更換新器之日起所有買賣物價均

須照表折合。復以京師地廣人稠深恐未能週知發生誤會，除委派人員前往京師總商會隨時宣講

外，並委託學務局宣講所代為分赴各處廟會宣講俾商民漸次明瞭推行新制之意義此因革新伊

始，市民疑阻叢生，欲求實施沟非漸進不能為功也。

自民國六年農商部推行新制之日起，北京市面及四郊商舖，所用度器漸次劃一衡器量器經

商民購置者為數亦多但以政變關係商民意存觀望致未能劃一。民國十二年，農商部復有賡續劃

一京師量器衡器之舉，而其結果亦僅於北京一市勉強實現嗣後政變頻仍戰禍迭起經費無着權

度政務，政府亦無暇過問，永陷入若有若無狀態中矣。

## 第四節　各省試辦之經過

自民四權度法公布以後，山西省以舊有權度，至極複雜，非急圖統一不足以謀商業使用，旋經

擬定推行權度各項單行規章，於八年四月咨經農商部轉呈核准，即由省公署着手籌備嗣會商農

商部調用權度檢定所檢定人員，設立劃一權度處，成立以後首先公布推行日期，將度量衡三項分

七八九三月次第實行。推行之先從事調查各縣舊器以作比較，並其實需數量預爲準備後經呈請

中央頒發各縣標準器以爲檢定及製造之用。至其新器之供給，一面向農商部權度製造所訂購一

面招商承造至各縣舊業秤工因刀紐秤非所諳習，隨飭各縣選派往權度製造所實習種種技術，

前後共選送一百餘名實習期滿經考驗合格卽送回各縣專司修製各種衡器；復編發度量衡器製

造法以爲承造各商之參考次籌及檢定事宜係由各縣選派一人來省卽由劃一權度處編印講義，

分班教授期滿分發原縣充任檢定生。至於推行手續取締舊器推行新器均係各縣一致同時積極

舉行所訂各縣推行度量衡辦理程序度量衡營業特許暫行規則度量衡檢查執行規則等一切設

施均以農商部法令爲準。而物價之折合亦依據新舊器之比較辦理推行之後復派員嚴密考查各

縣，是否邊章辦理折合公允，及有無藉端需索各情弊，其推行成績，頗有可觀。

此外如滇省在標準器頒發到省時，曾經訂定章程辦法，按期分區次第推行，所有新器之供給，係由官辦之模範工藝廠依式製造，由實業廳逐細檢查發售附近省城及較爲繁盛之大縣，頗有實行者。其他各省如冀省於十四年設立權度檢定所。擬定統一權度規則八條。豫省於十年擬定劃一權度簡章，並擬於省垣設立製造所及檢定所，魯省於十六年在實業廳內附設統一度量衡籌備處，擬定進行步驟，第一年爲調查及設所傳習，第二年爲製造及實行。浙省於十四年呈准設立檢定傳習所，招考學生一百餘人，加以訓練嗣以政變劃一事未能進行。閩省於十四年設立劃一權度處，進行劃一事宜。粵省權度之檢定，係由實業廳特設專局暨各處分局嗣以辦理毫無成績，除省佛兩局外所設專局及其他各局一律取銷總之當時政府推行新權度，不得謂全無計劃而其結果各省區除山西曾經實行外其餘毫無成績之可言，政變頻仍號令不行，固爲一大原因而中央於開辦此項行政之初，經費卽感困難以後則左支右絀計劃未能周密安得不止於半途其最大缺點則各省並無專門檢定人才及政令不能一貫云。

# 第十二章　中國度量衡制度之確定

## 第一節　度量衡標準之研究

當國民政府於十五十六年間，由廣東出師北伐時，以度量衡與人民福利及國家政治，均有密切關係，故每值光復一省，依照中國國民黨第二次全國代表大會之議決，即將劃一度量衡列入該省政綱同時中國工程學會，於十六年秋間曾組織度量衡標準委員會，從事研究，並由上海特別市政府呈請國府確定標準頒行。陝西省政府有請國府頒發度量衡制度，安徽省政府咨據安慶市請劃一度量衡標準，建設委員會咨據專家呈請實行劃一權度以利民用，而福建省政府並不待中央之明令規定權度標準，曾將前北京農商部所頒布之法律條文竄改施行，其希冀早日劃一權度之苦心可見又上海米業輕斛問題，幾起風潮，曾經舉行較核仁穀堂公所海砠斛容量及敦和公所魚秤又江蘇省政府據商民協會之呈請嚴禁米業船客發生輕斛擡高價格之弊復有上海市政府轉

下編　第十二章　中國度量衡制度之確定

三二七

據敦和魚業公所、商民協會茶葉分會、蔬菜公所、水菓業公所及商民協會、米業公會等先後自動請求設法劃一度量衡。至於中央方面對於度量衡早在籌劃之中，中央執行委員會委員亦曾有敦促劃一以爲我國度量衡之不劃一弊叢生不獨國家感受莫大影響不肖官吏及奸究之徒復從中舞弊出納無常國民經濟受無窮虧損又不獨國家之統計有莫大困難且妨建設事業之發展等意見提出會議請迅速規定公布施行。大學院召集之第一次教育會議及財政部召集之全國經濟會議及第一次財政會議均有提早劃一之議案。此爲度量衡標準研究之緣起也。

以上各種提議，卽經國民政府於十六年春建都南京之後先後發交工商部核辦，該部以事關國家大計應愼重商量會加詳細研究博採周諮並經派定吳健吳承洛壽景偉徐善祥劉蔭弗等員負責進行。茲將各方面先後對於度量衡之提議列表於左：

## 第二節　度量衡標準之審查及制度之訂定

就前節各專家所擬各制，概括言之，最有力之主張不外二種：

（一）完全推翻萬國公制而根據科學原理與科學之進步並中國習慣，規定獨立國制，費德朗、劉晉鈺、陳儆庸、錢理、阮志明、范宗熙、曾厚章屬之。（二）完全採用萬國公制並根據中國國民之習慣與心理，規定暫用輔制以資過渡，而輔制與公制應有最簡單之比率，錢漢陽、周銘、施孔懷、徐善祥、吳承洛、吳健、劉蔭荊、阮志明，基郁姆、高夢旦、段育華等，以及陳儆庸之另制屬之因之雙方主張既有不同理由自各有異見仁見智論戰一時最後由工商部負責委員詳慎討論僉以（一）科學界已完全採用公制科學大同為萬國權度之先聲；（二）我國已毅然放棄陰歷而採用大同之陽歷，權度之刷新亦應採取此種革命手段；（三）萬國公制，已經民國二年工商部全國工商會議議決採用，民國四年農商部頒布定為乙制與甲制（營造庫平制）同時並行，十七年大學院全國教育會議議決在教育界首先推行；（四）我國工程上以及郵政鐵路軍事測量各機關均已早用公制；

三二九

（五）世界上完全採用公制已有五十國之多，故萬國公制在國際上已佔重要位置；（六）理想的新制，在未經世界學者愼重研究認爲確有價值之前，不宜率爾採用。有此數種理由故對於中國度量衡制應以採用曾經美國權度公會所議決之萬國公制爲最合宜若政府之意爲公制之尺過長，公制之斤過重遽行更改恐不便於民間習慣則惟有於公尺公斤之外同時設一市用之制暫行通用；惟此過渡制必須與標準制（公制）有極簡單之比率逐於十七年六月由工商部根據負責各委員意見擬定三項辦法呈請國民政府核議施行計討論此案歷時已逾兩月之久至其所擬三種辦法爲：

一、請國府明令全國通行萬國公制，其他各制一概廢除。

二、定萬國公制爲標準制凡公立機關官營事業及學校法團等皆用之；此外另以合於民衆習慣且與標準制有簡單之比率者爲市用制其容量以一標升爲市升重量以標斤之二分之一爲市斤（十兩爲一斤），長度以標尺之三分一爲市尺（一千五百市尺爲一里六千平方市尺爲一畝）。

三、以標準尺之四分一爲市尺，（二千市尺爲一里一萬平方市尺爲一畝）餘與辦法二同三種辦法之中據該部之研究所得似以辦法二與萬國公制有最簡單之一二三比率且其尺與吾國通用舊制最爲相宜惟辦法三市尺之長雖較舊制諸尺爲特短然其畝（一萬平方尺）與舊畝相近故欲貫澈十進制此辦法似亦可用。

關於標準制法定名稱亦曾經登報徵求時賢意見均以沿用民四權度法所定爲宜。

提議旣上嗣經國府第七十二次委員會會議決推選蔡元培鈕永建薛篤弼王世杰孔祥熙諸委員會同審查並邀徐善祥吳承洛出席如是經過兩次審查會議始一致同意以「劃一權度標準方案業經詳細審核並調集各方意見書及比較表等悉心研究反覆討論僉以全國權度亟宜劃一民間習慣亦當兼顧」擬具中華民國權度標準方案呈報國府敬候公決後經國府委員會議修正公布以示周知而昭鄭重時在民國十七年七月十八日也茲將所公布之中華民國權度標準方案列舉如左：

一、標準制定萬國公制（卽米突制）爲中華民國權度之標準制。

長度，以一公尺（即米突尺）爲標準尺。

容量，以一公升（即一立特或一千立方生的米突）爲標準升。

重量，以一公斤（一千格蘭姆）爲標準斤。

二、市用制　以與標準制有最簡單之比率而與民間習慣相近者爲市用制。

長度，以標準尺三分之一爲市尺，計算地積以六千平方尺爲畝。

容量，即以一標準升爲升。

重量，以標準斤二分之一爲市斤（即五百格蘭姆），一斤爲十六兩（每兩等於三十一格蘭姆又四分之一）、

至該兩制各項單位之名稱及定位，乃於十八年二月十六日所頒度量衡法中詳爲規定，按工商部原擬之一二三權度市用制以一斤分爲十兩貫澈十進制國府各委員審查結果亦如是，迨國府會議時以市制旣屬過渡又係遷就習慣則不如仍用十六兩爲斤，故標準方案之公布，仍維持一斤十六兩之舊制。

三二三

| 提議種類 | 長度標準 | 地積標準 | 容量標準 | 重量標準 | 提議人姓名 |
|---|---|---|---|---|---|
| 採用國際單位（又名 A.B.C.制） | 1正尺=32.689公分<br>=12 7/8 英吋 | 1正畝=6000平方正尺<br>=6.14114公畝 | 1勺=1立方正尺<br>=34.9305立方寸<br>1撮=1立方寸<br>=34.9305立方分<br>1升=3/100立方正尺<br>=1.0479升 | 1兩=34.9290公分<br>1磅=349.296公分 | 裘懷適（德人） 王琎 王季同 |
| 採用公制兼用鐵道尺並酌量改訂 | 1尺=32公分<br>=1鐵道尺 | 1畝=6000平方尺<br>=1鐵道畝 | 1升=1.0354688升<br>=1鐵道升 | 1兩=37.5公分<br>1斤=600公分 | 翁文灝 孔祥熙 |
| 採用公制但改變公尺之數值以國幣之重為標準 | 1尺=30公分<br>=光之速度系數<br>（光之速度每秒鐘介<br>3×10^10公分） | | | 1圓=27公分<br>=國幣一圓之重<br>（即七錢二分四釐） | 吳敬明 |
| 以中山先生之紀念為標準並定上海水平面為度量衡計算之標準 | 1中山尺=1/2永銀柱上升之高<br>=38公分 | 1中山步=(2×76)²<br>平方公分<br>=23104平方公分 | 1中山斤=(76/8)³立方公分<br>=857.375立方公分 | 1中山斤=由中山升之<br>容量應為百度與溫度四度<br>時之清水橫得之重 | 吳承洛 |
| 改訂公制惟採用「三三三」制並增設市用制 | 1市尺=1/3公尺<br>=33.3333公分<br>=1.0411鐵道尺 | 1市畝=6000平方市尺<br>=6.667公畝<br>=1.085009鐵道畝 | 1市升=1/2公升<br>=0.9657鐵道升 | 1市斤=1/2公斤<br>=500公分<br>=13.41庫平兩 | 徐善祥 吳承洛 |
| 贊成三三制惟擬略改其制而用之名稱以昭示市用之性質 | 同上 | | | | 段育華 許行彬 |
| 改訂公制採用新制並酌量增其數以便改訂與測量 | 1新尺=1/4公尺<br>=25公分 | 1新畝=10000平方新尺 | 1市升<br>=0.9657鐵道升 | 1市斤=1/2公斤<br>=500公分<br>=13.41庫平兩 | 吳稚暉 |
| 改訂公制大致依市制並增其數以便改訂與測量其制大小適宜 | 1新尺=1新尺<br>=40公分 | 1新畝=4800平方新尺 | 1新升=1升 | 1新圓=40公分<br>1新斤=400公分 | 汪精衛 |
| 反對採用國際公制度度應採用三進製 | 長度單位<br>=40005423/100000000公尺<br>（最近測定地球子午<br>線之長）<br>=0.40004323公尺<br>=1.25部尺 | 地積單位<br>=10000平方尺<br>=16.00027公畝<br>=2.605畝畝 | 容量單位=1立方尺<br>=64.017公升<br>=6.1824舊滿斛 | 重量單位=1立方于純<br>水於4℃時在赤道上沈<br>空中所含之重<br>=64.17公分<br>=1.716庫平兩 | 段育華 |
| 凝度標準三種 | 1尺=30公分 | | 1升=1公升 | 1斤=500公分 | 楊錦森（日籍領事裁判經驗） |
| | 1尺=30公分 | | 1升=9/10公升 | 1斤=600公分 | |
| | 1尺=35公分 | | 1升=9/10公升 | 1斤=600公分 | |
| 主張保存中國舊制並取法美國以天文定度量權衡三者並用全採三進法法於六十寸得三尺以尺得六寸以六十尺得十丈以丈引百尺得千八尺設以千寸得十丈引 | | | | | 智儼 |

第 二 七 圖　標準制與市用制比較圖

MET 公 尺

三分之一公尺或市尺

公 升

市斤　公斤　公兩　市兩

332-2

三分之一公尺即市尺
市用制長度單位

三分之一碼即呎
英制長度單位

1.000公斤純水所佔容量
市用制容量單位

1.136公斤純水所佔容量
英制容量單位

0.5000公升純水重量
市用制重量之單位

0.4536公升純水重量
英制重量之單位

## 第三節　萬國公制之歷史及定為標準之經過

我國度量衡標準制即萬國公制，國際間最通用之度量衡制我國採用之，併同時以之為度量衡市用制之標準，故名之為「標準制。」

萬國公制創行於法國其後各國開萬國度量衡會議決定為世界之標準，公共設立萬國度量衡委員會及萬國度量衡公局以管理之，故稱為「萬國公制」公制度量衡自制定之日起迄今已有一百五十年之歷史。

法國當未革命之前，所用度量衡器參差不一，有如吾國往代之情形，當十八世紀之末，有 De Tollgraeand 者，首上書 Assemblee Constituante，詳述舊制之弊病，請定劃一之度法以免紛歧。

一七九○年，法國政府感覺度量衡制劃一之重要先擬整理度量衡舊制繼詔請科學院創立新制度以製萬世不易之標準此為公制胚胎之始。

科學院既受考定新制度之責任，即公推 Borda, Lagarange, Laplace, Monge, Condorcet

五人司其事於時有兩種主張：（一）主張以每擺一秒鐘擺之長為度之起數。（二）主張以地球子午線之分數為度之單位。二說相較自以子午線之周長或可經久而不變；而擺動之遲速以地心吸力為比例。地心吸力之大小又因地位高下而差池殊不足以為法逐研究報告擬以地球子午線四分弧之一千萬分之一為度之單位稱為 metre 晉譯米突或密達或邁當即計量單位之意所訂米突單位之長度與當時歐洲各國原有舊制之 ell, yard, braccio 及其他各種長度單位數值較相近以故認為不僅可適用於法國並可適用於世界各國同時並建議重量之單位（當時尚未用質量）以長度單位立方體積純水之重量定之。

一七九一年法國國會決議採用科學院之建議並派 Merchain, Delambre 二博士，測量由 Dunkerque 海口至 Barcelone 商埠之距離而計算子午線之全長。

一七九五年四月，法國政府頒佈採用公制之命令設定一臨時之公尺長度至嚴確之公尺長度俟大地測量完竣時定之。

（一）規定法國權度完全用十進制。

（二）規定米突（metre）之長，爲經過巴黎自北極至赤道之子午線四千萬分之一。

（三）規定立特（litre）之容量爲一立方公寸之容量。

（四）規定啓羅格蘭姆（kilogramme）之重等於一立方公寸純水於眞空中秤得之其所含之溫度爲百度表之四度。

一七九九年六月大地測量完竣，逐制定公尺之數值，此新公尺之數值較原定臨時所定之公尺，短〇·三公釐依據所規定之新數值製造純鉑質之公尺公斤各一具以爲全國之標準原器。

一八四〇年以後世界各國對於公制之採用日漸增加一八六九年法政府撥款建設度量衡製造局預備製造畫分原器及各國應用之副原器並通告各採用公制國家派遣代表於次年來巴黎會議進行方策翌年八月各國應召派遣代表與會者二十四國開會未久普法戰爭爆發會議遂中止。

一八七二年法政府召集第二次會議與會國家有二十九國代表人數五十一人，其中十八國位居歐洲開會決議以公尺公斤原器應以九鉑一銥合金及特種幾何式樣製造之。

一八七五年復開會議於巴黎，公尺協約正式簽字，組織設立度量衡公局，一八七七年度量衡公局成立開始工作。

一八八九年度量衡公局製成鉑銥公尺三十一具鉑銥公斤四十具遂選定一份作為國際原器，一份為副原器各國各取一份以為國家原器各公尺原器相互之差數不逾〇・〇一公釐大約之差誤數不逾〇・二公忽（micron）各公斤原器相互之差數不逾一公絲大約之差誤數不逾〇・〇五公絲。以上所述乃公制度量衡制定及各國採用之經過情形我國於民元改革度量衡之始，卽擬採用公制惜未經國會決議致未果行。民四權度法始公佈以公制為吾國度量衡之甲制國民政府以吾國度量衡舊制紊亂錯雜通商以來外人在華商場勢力偉大為謀國家工業之發展非採用各國通行之公制不為功遂規定公制為吾國量衡之標準制。

## 第四節　由歷史演進及民間實況作市用制之觀察

我國古代之度量衡單位均比後代為小，周代之尺，約合現今市用六寸上下，遺傳於民間使用

者至鮮，但間有魯班尺卽木匠用尺係屬此制其次合現今市用制七寸餘者為夏制，南北朝及隋代之尺均類此制。再次秦漢之尺，約合現今市用制八寸餘至合現今市用制九寸餘者為商制唐、宋、元、明、清均類同之。前清末年規定營造尺為合三十二公分二十餘年來雖未普及民間，而法定標準自應以為依據，且調查所得各地營造木尺採用此種標準者為數亦自不少此項舊定營造尺實合現今市用尺之九寸六分此外民間通用之尺比較略有標準者，如蘇尺杭尺約合三四·四公分北方裁尺約合三三·五公分故現今採定之市用制以公尺之三分一為一市尺其長度實介於舊營造尺與蘇尺之間且幾等於北方之裁尺，適合於南北各通用尺之平均數最合民衆之習慣但南部及西部民間之尺有比蘇杭裁尺為更長者係屬變例。

我國古代量制有時以升為單位有時以斗為單位十升為一斗十斗為一斛，（宋以後五斗為一斛）古升之容量甚小與民間量器有所謂斛管者容量相近。清代及民間四權度法制定之營造升等於一·〇三五五公升現今市用制以一公升為市升其容量與舊營造升相差至為幾微僅少百分之三·五耳但北方大斗比市斗大數倍以至十餘倍則屬變例。

古代衡制三代及秦漢以前之斤，比較後代爲小，其後清戶部重訂衡制始有庫平之標準，庫平一兩合公制三七・三〇一公分重，一斤合五九六・八一六公分重，而民間通用最廣者厥爲十四兩上下之秤稱爲漕法秤，蘇法秤漕秤一斤約合公制五八六・五〇六公分，而現今市用制以公斤二分之一爲一市斤實合民衆之習慣也，但民間有用七八兩之小秤以至二十餘兩之大秤則屬變例。

我國度量衡制度，既經採用萬國公制，而在公制推行之後，民間舊習慣一時頗難革除，則採用與舊制相近之輔制以爲市間通用之度量衡器始爲過渡時期必經之程序，民國四年權度法雖屬兩制並用，但以甲乙兩制並無簡單之比例，致未能通行全國，現今通行之市用制則與舊制旣屬相近，深合民俗且與標準制又有簡單之比例，於學術工藝之換算事半功倍，與世界新制之趨向，異轍同歸，尤稱至便。

第 二 九 圖   長度標準化圖

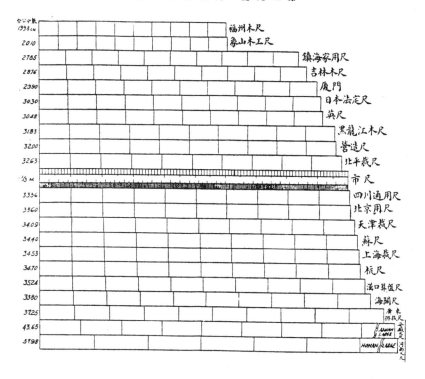

| 合公分數 | |
|---|---|
| 1998 cм | 福州木尺 |
| 2010 | 象山木工尺 |
| 2785 | 鎮海家用尺 |
| 2876 | 吉林木尺 |
| 2990 | 廈門 |
| 3030 | 日本法定尺 |
| 3048 | 英尺 |
| 3183 | 黑龍江木尺 |
| 3200 | 營造尺 |
| 3263 | 北平裁尺 |
| 1/3 м | 市尺 |
| 3336 | 四川通用尺 |
| 3360 | 北京用尺 |
| 3409 | 天津裁尺 |
| 3440 | 蘇尺 |
| 3453 | 上海裁尺 |
| 3470 | 杭尺 |
| 3524 | 漢口算盤尺 |
| 3580 | 海關尺 |
| 3725 | 廣東工程尺 |
| 43.65 | HANAN LARGE 江蘇大尺 |
| 5198 | HONAN LARGE 河南大尺 |

338-1

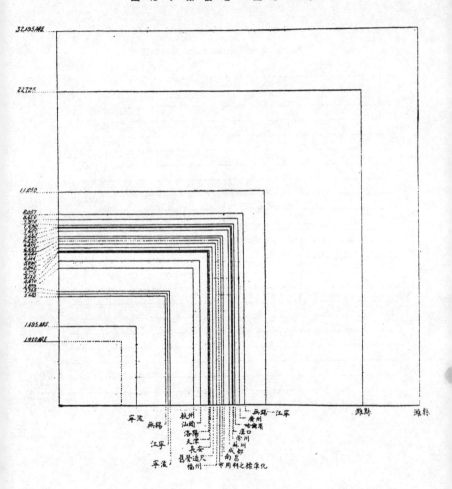

第 三 〇 圖　地積標準化圖

32,195.ARE

22,725

11,059

8,057
6,800
5,936
5,498
5,150
4,842
4,489
4,163
4,049
3,644
3,396
3,185
3,096
2,992
2,576
2,476
2,350
2,198
3,145

1,695.ARE

1,050.ARE

寧波　無錫　江寧　寧波　杭州　汕頭　洛陽　天津　長安　舊營造尺　福州　南昌　成都　蘇州　漢口　蕪湖　廣州　蕪湖　江寧　縣縣　縣縣

市用料之標準化

第 三 一 圖　容量標準化圖

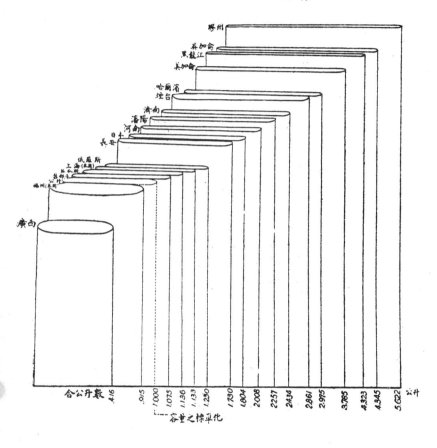

| | 廣西 | 福州(東) | 蘇州(東) | 蘇都孟 | 上海(東) | 俄羅斯 | 長安 | 日本 | 河南 | 瀋陽 | 濟南 | 煙台 | 哈爾濱 | 美加侖 | 黑龍江 | 英加侖 | 勝州 | 公升 |
|---|---|---|---|---|---|---|---|---|---|---|---|---|---|---|---|---|---|---|
| 合公升數 | 416 | .915 | | 1.000 | 1.075 | 1.136 | 1.133 | 1.280 | 1.730 | 1.804 | 2.008 | 2.257 | 2.434 | 2.861 | 2.975 | 3.785 | 4.323 | 4.345 | 5.622 |

------ 容量之標準化

338-2

396 雜貨秤

410 俄磅

454 英磅

460 乾菓秤

464 沂秤

490 陝秤

494 茶食秤

500 市斤（市用制之標準）

526 蘇砝秤

530 三斤六兩秤

572 甘肅蘭平

587 五臺秤

597 庫平

605 關平

616 司馬秤

# 第十三章　劃一度量衡實施辦法之決定

## 第一節　劃一度量衡之推行辦法

度量衡劃一之法約可分爲二種曰速進法曰漸進法。速進之法卽全國不分區域同時並舉在規定年限以內將通用各種紛雜制度全數革除一律改用新制是也。但用速進法其困難之點有三：（一）吾國幅員廣闊各地人民之程度旣甚參差甚恐鞭長莫及疑阻橫生；（二）施行區域旣廣，則須同時組織多數檢定機關國家須籌鉅款；（三）全國同時改用新器承辦新器之廠能否足敷供給，均須顧及。至於漸進之法又可分爲三種曰分器推行曰分省推行曰分區推行。國民政府工商部所訂推行計劃則係兼顧推行辦法茲將當時所擬劃一程序附錄於左：

### 全國度量衡劃一程序

自民國十八年二月間國民政府公布度量衡法後，工商部依照度量衡法第二十一條之規定，

以民國十九年一月一日爲度量衡法施行日期，並將全國各區域度量衡完成劃一之先後，依其交通及經濟發展之差異程度分爲三期：

（一）第一期　江蘇、浙江、江西、安徽、湖北、湖南、福建、廣東、廣西、河北、河南、山東、山西、遼寧、吉林、黑龍江及各特別市應於民國二十年終以前完成劃一。

（二）第二期　四川、雲南、貴州、陝西、甘肅、寧夏、新疆、熱河、察哈爾、綏遠應於民國二十一年終以前完成劃一。

（三）第三期　青海、西康、蒙古、西藏應於民國二十二年終以前完成劃一。

劃一程序旣如上述之規定在中央方面則於度量衡法施行之日成立全國度量衡局；掌理全國度量衡行政事宜擴充度量衡製造所製造標準本器以爲檢定仿製及法律公證之用設立度量衡檢定人員養成所，訓練檢定人員以爲度量衡之基礎其各省市則於該省市規定完成劃一期限之前一年半成立度量衡檢定所，專司該省市劃一事宜並於各縣市政府內成立度量衡檢定分所，專司該縣市劃一事宜並因訓練專材各省市考送人員至度量衡檢定人員養成所，受度量衡

行政上技術上之訓練各縣市所需要之度量衡檢定人員卽由各該省檢定所訓練之，

各省市縣於機關已立專材已備設備已齊之後卽依照劃一程序之規定依次進行下列十種

工作：

（一）宣傳新制　依照全國度量衡局頒發之新制說明圖表，及其他宣傳辦法，舉行宣傳；

（二）調查舊器　依照度量衡臨時調查規程舉行調查；

（三）禁止製造舊器　依照度量衡法施行細則之規定凡以製造度量衡舊制器具為營業者，

　　　應於規定完成劃一期限之前一年令其一律停止製造

（四）舉行營業登記　凡製造及販賣或修理度量衡器具者應依照度量衡器具營業條例之

　　　規定呈請登記並領取許可執照；

（五）指導製造新器　依照度量衡法施行細則，指導製造新制度量衡器具；

（六）指導改製舊器　依照全國度量衡局所規定改造度量衡舊制器具辦法指導改造；

（七）禁止販賣舊器　依照度量衡法施行細則之規定限期禁止販賣舊制度量衡器具

（八）檢查度量衡器具　依照度量衡器具檢查執行規則之規定，舉行臨時檢查；

（九）廢除舊器　檢查後凡舊制器具之不能改造者應一律作廢；

（十）宣布劃一　各省市應於規定劃一期限之內定期宣布完成劃一。

第二節　度量衡法之頒布

十八年二月十六日國民政府公布度量衡法：

第一條　中華民國度量衡以萬國權度公會所製定鉑銥公尺公斤原器為標準。

第二條　中華民國度量衡採用「萬國公制」為「標準制」並暫設輔制稱曰「市用制」。

第三條　標準制長度以公尺為單位，重量以公斤為單位容量以公升為單位；一公尺等於公尺原器在百度寒暑表零度時首尾兩標點間之距離，一公斤等於公斤原器之重量，一公升等於一公斤純水在其最高密度七百六十公釐氣壓時之容

積，此容積尋常適用卽作爲一立方公寸。

第四條　標準制之名稱及定位法如左：

長度

公釐　等於公尺千分之一　　　　　　　　　　　（○．○○一公尺）

公分　等於公尺百分之一卽十公釐　　　　　　　（○．○一公尺）

公寸　等於公尺十分之一卽十公分　　　　　　　（○．一公尺）

公尺　單位卽十公寸　　　　　　　　　　　　　（一公尺）

公丈　等於十公尺　　　　　　　　　　　　　　（一○公尺）

公引　等於百公尺卽十公丈　　　　　　　　　　（一○○公尺）

公里　等於千公尺卽十公引　　　　　　　　　　（一○公引）

地積

公畝　等於公畝百分之一　　　　　　　　　　　（一公畝）

公畝　單位卽一百平方公尺

公頃　等於一百公畝　　　　　　　　　　　　　（一〇〇　公畝）

容量

公撮　等於公升千分之一　　　　　　　　　（〇・〇〇一公升）

公勺　等於公升百分之一卽十公撮　　　　　　（〇・〇一公升）

公合　等於公升十分之一卽十公勺　　　　　　　（〇・一公升）

公升　單位卽一立方公寸

公斗　等於十公升　　　　　　　　　　　　　　（一〇　公升）

公石　等於百公升　　　　　　　　　　　　　（一〇〇　公升）

公秉　等於千公升卽十公石　　　　　　　　　（一〇〇〇　公升）

重量（注：未列質量係依照各國法規，取其通俗）

公絲　等於公斤百萬分之一　　　　　（〇・〇〇〇〇〇一公斤）

公毫　等於公斤十萬分之一即十公絲（〇·〇〇〇〇　一公斤）

公釐　等於公斤萬分之一即十公毫（〇·〇〇〇　一公斤）

公分　等於公斤千分之一即十公釐（〇·〇〇　一公斤）

公錢　等於公斤百分之一即十公分（〇·〇　一公斤）

公兩　等於公斤十分之一即十公錢（〇·　一公斤）

公斤　單位即十公兩　　　　　　　　　（一公斤）

公衡　等於十公斤　　　　　　　　（一〇　公斤）

公擔　等於百公斤即十公衡　　　（一〇〇　公斤）

公鈞　等於千公斤即十公擔　（一〇〇〇　公斤）

第五條　市用制長度以公尺三分之一為市尺（簡作尺）重量以公斤二分之一為市斤（簡作斤）容量以公升為市升（簡作升），一斤分為十六兩一千五百尺定為一里六千平方尺定為一畝其餘均以十進（按後經命令規定市用制各

第六條　市用制之名稱及定位法如左：

單位之前必冠市字）

長度

毫　　等於尺萬分之一　　　　　　　　　　　（○・○○○　　　　一尺）

釐　　等於尺千分之一卽十毫　　　　　　　　（○・○○○　　　　一尺）

分　　等於尺百分之一卽十釐　　　　　　　　（○・○○　　　　　一尺）

寸　　等於尺十分之一卽十分　　　　　　　　（○・　　　　　　　一尺）

尺　　單位卽十寸　　　　　　　　　　　　　（一　　　　　　　　尺）

丈　　等於十尺　　　　　　　　　　　　　　（一○　　　　　　　尺）

引　　等於百尺　　　　　　　　　　　　　　（一○○　　　　　　尺）

里　　等於一千五百尺　　　　　　　　　　　（一五○○　　　　　尺）

地積

毫　等於畝千分之一　（〇·〇〇一畝）

釐　等於畝百分之一　（〇·〇一畝）

分　等於畝十分之一　（〇·一畝）

畝　單位即六千平方尺

頃　等於一百畝　（一〇〇畝）

容量　與萬國公制相等

撮　等於升千分之一　（〇·〇〇一升）

勺　等於升百分之一即十撮　（〇·〇一升）

合　等於升十分之一即十勺　（〇·一升）

升　單位即十合

斗　等於十升　（一〇升）

石　等於百升即十斗　（一〇〇升）

中 國 度 量 衡 史

重量

絲　等於斤一百六十萬分之一　（○．○○○○○○六三斤）

毫　等於斤十六萬分之一　（○．○○○○○六三斤）

釐　等於斤一萬六千分之一即十絲　（○，○○○○六三斤）

分　等於斤一千六百分之一即十毫　（○．○○○六二五斤）

錢　等於斤一百六十分之一即十釐　（○．○○六二五斤）

兩　等於斤十六分之一即十分　（○．○六二五斤）

斤　單位即十六兩

擔　等於百斤　（一○○斤）

第七條　中華民國度量衡原器，由工商部保管之。

第八條　工商部依原器製造副原器分存國民政府各院部會各省政府及各特別市政府。

第九條　工商部依副原器製造地方標準器，由各省及各特別市頒發各縣市為地方

檢定或製造之用。

第十條　副原器每屆十年須照原器檢定一次，地方標準器每五年須照副原器檢定一

次。

第十一條　凡有關度量衡之事項，除私人買賣交易得暫行市用制外，均應用標準制。

第十二條　劃一度量衡應由工商部設立全國度量衡局掌理之各省及各特別市得設

度量衡檢定所各縣及各市得設度量衡檢定分所，處理檢定事務全國度量衡

局度量衡檢定所及分所規程另定之。

第十三條　度量衡原器及標準器，應由工商部全國度量衡局設立度量衡製造所製造

之。

第十四條　度量衡製造所規程另定之

　　度量衡器具之種類式樣公差物質及其使用之限制，由工商部以部令定之。

第十五條　度量衡器具非依法檢定附有印證者，不得販賣使用。

度量衡檢定規則，由｜工商｜部另定之。

第十六條　全國公私使用之度量衡器具須受檢查。

度量衡檢查執行規則，由工商部另定之。

第十七條　凡以製造販賣及修理度量衡器具爲業者，須得地方主管機關之許可。

度量衡器具營業條例另定之。

第十八條　凡經許可製造販賣或修理度量衡器具之營業者有違背本法之行爲時，該管機關得取消或停止其營業。

第十九條　違反第十五條或第十八條之規定，不受檢定或拒絕檢查者處三十元以下之罰金。

第二十條　本法施行細則另定之。

第二十一條　本法公布後施行日期，由｜工商｜部以部令定之。

第三節　附屬法規之訂定

自度量衡法頒布以後，工商部即於十八年，即有關於推行製造檢定檢查各附屬法規之訂定。

茲錄其二十年修正之施行細則於次：

一　製造

（1）度量衡之副原器，以合金製造之。

（2）地方標準器以合金製造之尋常用器除特種外以金屬或竹木等質製造之。

（3）度器分為直尺、曲尺、摺尺、卷尺、鏈尺等種。

（4）量器分為圓柱形、方柱形、圓錐形、方錐形等種。

（5）衡器分為天平、臺秤、桿秤等種。

（6）砝碼分為柱形片形等種。

秤錘分為圓錐形、方錐形等種。

（7）度器之分度除縮尺外，應依度量衡法第四條第六條長度名稱之倍數或其分數製之。

（8）量器之大小或其分度，應依度量衡法第四條第六條名稱之倍數或其分數製之。

（9）砝碼及衡桿分度所當之重量應依度量衡法第四條第六條重量名稱之倍數或其分數製之。

（10）度量衡器具之記名，應依度量衡法第四條第六條度量衡名稱記之，但標準制名稱得用世界通用之符號。

（11）度量衡器具之分度及記名，應明顯不易磨滅。

（12）度量衡器具所用之材料以不易損傷伸縮者為限，木質應完全乾燥，金屬易起化學變化者，須以油漆類塗之。

（13）度量衡器具上，須留適當地位以便鑑蓋檢定檢查圖印，凡不易鑑印之物質，應附以便於鑑印之金屬。

前項附屬之金屬，須與本體密合，不易脫離。

（14）竹木摺尺每節之長，在二公寸或半市尺以下者其厚應在一‧五公釐以上，在三公寸或一市尺以下者其厚應在二公釐以上。

（15）麻布卷尺之全長在十五市尺或五公尺以上者，其每十五市尺或五公尺之距離，加以重量十八公兩之繃力，其伸張之長不得過一公分。

（16）金屬圓柱形之量器內徑與深應相等，或深倍於徑；但得以一公釐半加減之。

（17）木質圓柱形之量器，內徑與深應相等，或深倍於徑；但得以二公釐加減之。

（18）木質方柱形之量器內方邊之長不得過於深之二倍容量為一升時內方邊之長應與其深相等；但均得以三公釐加減之。

（19）木質方錐形之量器內大方邊之長，不得過於深之二倍；但得以四公釐加減之。

（20）木質量器容量在一升以上者口邊及四周應依適當方法附以金屬。

（21）有分度之玻璃窰瓷量器須用耐熱之物質。

（22）玻璃窰瓷量器最高分度與底之距離，不得小於其內徑。

（23）概之長度應較所配用量器之口長五公分以上。

（24）衡器之义及與义觸及之部分應使爲適當之堅硬平滑，其材料以鋼鐵玻璃玉石爲限。

（25）衡器之感量，除別有規定外應依左列之限制：

天平　感量爲秤量千分之一以下；

臺秤　感量爲秤量五百分之一以下；

桿秤　感量爲秤量二百分之一以下。

（26）衡器分度所當之重量不得小於感量。

（27）天平應於適當地位表明其秤量與感量臺秤桿秤應於適當地位表明其秤量。

（28）試驗衡器之法應先驗其秤量再以感量或最小分度之重量加減之其所得結果，應合左

列之定限：

一、天平及臺秤之有標針者其標針移動在一‧五公釐以上；

二、臺秤　其桿之末端昇降在三公釐以上；

三、桿秤　其桿之末端昇降爲自支點至末端距離之三十分之一以上。

（29）桿秤上支點重點之部分應用適當堅度之金屬。

（30）桿秤之秤量在三十市斤以下者其支點及重點部分得用革絲線麻線等物質其感量不得超過秤量百分之一。

（31）秤紐至多不得過二個秤紐有二個秤紐者應分置秤桿上下其懸鈎或懸盤應具移轉反對方向之構造但三十市斤以下之桿秤不在此限。

（32）秤錘用鐵製者應於適當地位留孔塡嵌便於鈐印之金屬，並使便於加減其重量。

（33）木桿秤錘之重量不得少於秤量三十分之一。

（34）度量衡器具之公差如左：

一、度器公差

| 名稱 | 類別 | 公差 |
|---|---|---|
| 直尺 曲尺 摺尺 | 分度二分之一公釐及大於二分之一公釐者 | 長度之二千分之一加二公毫 |
| 直尺 曲尺 摺尺 | 分度小於二分之一公釐者及爲縮尺者 | 長度之四千分之一加一公毫 |
| 鏈尺 | 十公尺以上 | 長度之二千分之三加二公釐 |
| 卷尺 | 非鋼鐵製者 | 長度之二千分之三加二公釐 |
| 卷尺 | 鋼鐵製者 | 長度之一萬分之三加五公毫 |

## 二、量器公差

| 名稱 | 種類 | 類別 | 公差 |
|---|---|---|---|
| 全量 | 二公勺以下 | | 容量之五十分之一 |
| 全量 | 五公勺至一公合 | | 容量之一百分之一 |
| 全量 | 二公合至一公升 | | 容量之一百五十分之一 |
| 全量 | 二公升以上 | | 容量之二百五十分之一 |

| 有分度之分量大於一公合者 | |
|---|---|
| 二公撮以下 | 容量之二十分之一 |
| 二公勺以下 | 容量之五十分之一 |
| 二公合以下 | 容量之百分之一 |
| 一公合以下 | 容量之一百五十分之一 |

三、砝碼公差

| 重　　量 | 公　　差 |
|---|---|
| 五公絲以下 | 十分之一公絲 |
| 二公毫以下 | 十分之二公絲 |
| 五公毫 | 十分之三公絲 |
| 一公釐 | 十分之四公絲 |
| 二公釐 | 十分之六公絲 |
| 五公釐 | 一公絲 |
| 一公分 | 二公絲 |

| 二公分 | 三公絲 |
|---|---|
| 五公分 | 五公絲 |

一公分以上，每三個爲一組，重量各以十倍進公差各以五倍進。

市用器

| 重量 | 公差 |
|---|---|
| 五毫以下 | 十分之一毫 |
| 二釐以下 | 十分之二毫 |
| 五釐 | 十分之三毫 |
| 一分 | 十分之四毫 |
| 二分 | 十分之六毫 |
| 五分 | 一毫 |
| 一錢 | 二毫 |
| 二錢 | 三毫 |
| 五錢 | 五毫 |

一兩以上每三個爲一組重量各以十倍進公差各以五倍進。

(35)度量衡標準器及精密度量衡器公差應在前條所定公差二分之一以內。

二　檢定

(36)各種度量衡器具製造後應受全國度量衡局或地方度量衡檢定所或分所之檢定。

(37)受檢定之度量衡器具須具呈請書連同度量衡器具送請全國度量衡局或地方度量衡檢定所或分所檢定。

(38)度量衡器具檢定合格者由原檢定之局所鈐印或給予證書。

(39)受檢定之度量衡器具應繳納檢定費其額數由全國度量衡局擬定呈請實業部以部令公布。

(40)檢定時所用圖印或證書之式樣由全國度量衡局定之。

三　檢查

(41)檢定合格之度量衡器具應定期或隨時受全國度量衡局或地方度量衡檢定所或分所

之檢查。

（42）度量衡器具經檢查後，有與原檢定不符者，應將原檢定圖印或證書取銷之；除不堪修理者即行銷燬外，得限期修理送請復查但尋常用器檢查時之公差或感量在製造時二倍以內者不在此限。

（43）依前條覆查之度量衡器具合格者准用本細則第三十八條之規定，不合格者銷燬之。

（44）檢查時所用圖印，由全國度量衡局定之並於一定期限內改定一次。

前項期限，由全國度量衡局定之。

（45）檢查時所用檢查器具，其圖樣由全國度量衡局擬定頒發。

前項檢查器具依樣製成後應由全國度量衡局或度量衡檢定所或分所校準之。

（46）檢查事務，由全國度量衡局或地方度量衡檢定所或分所會同地方商業團體及公安主管機關執行。

四　推行

（47）度量衡法施行前所用之度量衡器具種類名稱合於度量衡法第四條第六條之規定者，應依本細則第三十七條之規定呈請檢定。

（48）度量衡法施行滿一定期限後不得製造或販賣不合度量衡法及本細則規定之度量衡器具，但期限未滿前其原有器具暫得使用。

前項期限，由全國度量衡局就各地方情形分別擬定呈請實業部核准公布之。

（49）前條暫得使用之度量衡器具應受本細則第四十一條規定之檢查，全國度量衡局或度量衡檢定所或分所得令其依法改造。

（50）全國度量衡局或度量衡檢定所或分所，應隨時調查度量衡器具使用之狀況，編製統計及新舊制物價折合簡表。

前項調查表格式，由全國度量衡局定之。

（51）中央及地方各機關就主管事務分別擇定度量衡器具之種類及件數，備價向全國度量衡局領用，並協同推行劃一度量衡事務。

五　附則

（52）度量衡標準制之中西名稱對照如左表：

長度　　Millimetre

公釐　　Millimetre

公分　　Centimetre

公寸　　Decimetre

公尺　　Metre

公丈　　Decametre

公引　　Hectometre

公里　　Kilometre

地積

公釐　　Centiare

「份」「硁」「烶」

重量（按經<u>實業部</u>檢定重量或質量之「分」「釐」「毫」於必要時，得加偏旁之為

公秉　Kilolitre

公石　Hectolitre

公斗　Decalitre

公升　Litre

公合　Decilitre

公勺　Centilitre

公撮　Millilitre

容量

公頃　Hectare

公畝　Are

公絲　Milligramme

公毫　Centigramme

公釐　Decigramme

公分　Gramme

公錢　Decagramme

公兩　Hectogramme

公斤　Kilogramme

公衡　Myriagramme

公擔　Quintol

公噸　Tonne

（53）市用制與標準制之比較如左：

長度

市用制

毫　○・○○○○○三三三　公尺

釐　○・○○○三三三　公尺

分　○・○○三三三　公尺

寸　○・○三三三　公尺

尺　○・三三三三（即三分之一）　公尺

丈　三・三三三三　公尺

引　三三・三三三三　公尺

里　五○○　公尺

標準制

公釐　○・○○三　公尺

公分　○・○三　公尺

公分　○・○三　市尺

公釐　○・○○三　市尺

公寸　○・三　市尺

公尺　三　市尺

公丈　三○　市尺

公引　三○○　市尺

公里　三〇〇〇　市尺

地積

市用制

毫　○・○○六六七　公畝

釐　○・○六六七　公畝

分　○・六六七　公畝

畝　六・六六七（即三分之二〇）　公畝

頃　六六六・六六七　公畝

標準制

公釐　〇·〇〇一五　　　　　　　　　　市畝

公畝　〇·一五（即二十分之三）　　　　市畝

公頃　一五　　　　　　　　　　　　　　市畝

容量

市用制

勺　〇·〇一　　　　　　　　　　　　　公升

合　〇·一　　　　　　　　　　　　　　公升

升　一　　　　　　　　　　　　　　　公升

斗　一〇　　　　　　　　　　　　　　公升

石　一〇〇　　　　　　　　　　　　　公升

標準制

| | | |
|---|---|---|
| 公撮 | ○·○○一 | 市升 |
| 公勺 | ○·○一 | 市升 |
| 公合 | ○·一 | 市升 |
| 公升 | 一 | 市升 |
| 公斗 | 一○ | 市升 |
| 公石 | 一○○ | 市升 |
| 公秉 | 一○○○ | 市升 |

**重量**

**市用制**

| | | |
|---|---|---|
| 毫 | ○·○○○○三一二五 | 公斤 |
| 釐 | ○·○○○三一二五 | 公斤 |
| 分 | ○·○○三一二五 | 公斤 |

錢　○‧○○三一二五　　　公斤

兩　○‧○三一二五　　　　公斤

斤　○‧五（卽二分之一）　公斤

擔　五○‧○　　　　　　　公斤

標準制

公絲　○‧○○○○○二　市斤

公毫　○‧○○○○二　　市斤

公釐　○‧○○○二　　　市斤

公分　○‧○○二　　　　市斤

公錢　○‧○二　　　　　市斤

公兩　○‧二　　　　　　市斤

公斤　二　　　　　　　　市斤

公衡　二一〇 市斤

公擔　二二〇 市斤

公噸　二〇〇〇 市斤

## 第四節　推行委員會及全國度量衡會議之召集

關於度量衡標準方案與各種法規，雖已漸次公布，然而無實施辦法，亦未見其能推行盡利。故<u>工商部</u>為實施<u>度量衡法</u>起見呈准召集<u>度量衡推行委員會</u>以中央各部會會代表全國商會聯合會代表等組織之。於十八年九月開會出席委員二十六人共計議案二十一件其中最重要者為全國度量衡劃一程序案及劃一公用度量衡案二案其次如改正海關度量衡案請<u>內政部</u>修正土地測量應用尺度章程案度量衡器具臨時調查規程案檢定費徵收規程案蓋印規則案等均經<u>工商部</u>依照實施。

<u>工商部</u>為實施<u>度量衡法</u>，經召開推行委員會後，及實施已將一年，並為籌議全國度量衡劃一

事宜，又召集全國度量衡會議，所議範圍更廣，故除中央各院部會代表外，尚有各省市政府代表各一人並遴聘專家委員若干人組織之。於十九年十一月開會，出席會員九十五人共計議案一百零八件其中最重要者為請各省市政府依限劃一度量衡辦法案及完成公用度量衡劃一辦法二案其餘凡推行製造檢定各類均極詳盡經工商部實業部及全國度量衡局依照實施。

## 第五節　劃一度量衡六年計劃

國民政府規定訓政時期六年，由中央執行委員第三屆第二次全體會議議決，責成各院部會就主管部分擬訂工作分配年表於十八年九月呈奉核准自十九年起施行，至二十四年年底止完成劃一錄其年表如左：

第五三表　訓政時期劃一度量衡六年計劃分配表

| 進行次第 項目＼年度 | 第一年度（二十年度） | 第二年度（二十一年度） | 第三年度（二十二年度） | 第四年度（二十三年度） | 第五年度（二十四年度） | 第六年度（二十五年度） | 備考 |
|---|---|---|---|---|---|---|---|
| | | | | | | | |

| 製造度量衡標準器及標準器本器 | 除中央各機關各府各省市已頒發標準器外別關各府市各一標準期各經頒發第標準器及縣市本器及標準器 | 政府請各省市酌各地情形籌設官方辦製造廠立廠量度並指導民並辦製造 | 設立全國度量衡局進行全國度量衡劃一國事度全度量衡宜行 |
|---|---|---|---|
| 繼續上項製造 | 一完成頒發第標準期各縣市本及各縣市本標準器標準器各頒發第二期 | 繼續促進官並辦製造督設省立廠指導製造廠民並辦製造 | 繼續進行劃一國事度量衡宜 |
| 完成製造標準器及標本器 | 二完成頒發第三期及各縣市本標準器 | | 同上 |
| 製造副原器及特種標本器與標準器 | 呈頒中央各省政府特種機關度量衡副原器別市及 | | 同上並製定特種度量衡標準器頒布推行 |
| 繼續上項製造 | 完成頒發上項副原器並頒發特種標準器於特種機關 | | |
| 製造度量衡標準器及其他工業精密標準器及科學儀器特種標準 | 繼續頒發標準器於特種機關 | | |
| | | | |

| 召集會次 | 製造程度／審核程序 | 設立檢定訓練 | 促成推行新制 |
|---|---|---|---|
| 召集第一次度量衡推行委員會 | 製造全國一律度量衡程度 會同國府院並公佈 呈請全國通令 商訂度量衡 會查辦法 | 設立度量衡 成立檢定所 訓練人員 各省市特別及中央 檢定入市員要各 | 促成第一期推行新制各 |
| 召集第二次度量衡推行委員會 | 審核各省區所定特別市各度量衡程序 劃一區域之程度 制各 | 訓練中央及特別市各省市人員 並促進檢定各 定縣市人員 各省市需練檢 | 促成第一期推行新制各 |
| 召集第三次度量衡推行委員會 | | 同上 | 促成第二期推行新制各 |
| | | 同上 | 促成第三期推行新制各 |
| | | 同上 | 完成全國各省區特別各 |
| 第一次祗就中央各代表集議以後當仿照外國 Weight and measure Conference 各省市召集辦法召集人員及研究推行各省市實行步驟及排除障礙辦法 | | | |

| 檢定機關 | 工作內容 |
|---|---|
| 省、各特別市度量衡檢定所 | 依照度量衡法，劃一中央及各省、特別市用度量衡，關於政府直轄各市政機關用公度量 |
| 省屬縣市檢定分所、新制應推行，第二期所定各省推行 | 完成劃一公用度量衡，並依照全國度量衡劃一程序，各省區、特別市、工區之度量衡工作（第一期） |
| 省屬縣市檢定分所、新制應推行，第三期所定各省推行 | 完成第一期劃一，各省區並進行度量衡劃一等工作，第二期各省區進行劃一之工作（第二期） |
| 省、區、縣、市檢定分所 | 完成第二期劃一，各省區並進行度量衡劃一第三期，各省區工作之工（第三期） |
| 市、各縣市度量衡檢定所並分所 | 完成第三期劃一，各省區工作量，宣布全國度量衡劃一（完成） |

公用度量衡以前民國十九年起推行。民國二十一年一年終應完成者，第一期為江蘇、浙江、安徽、江西、湖北、湖南、廣東、廣西、福建、河南、河北十一省，於民國二十一年一年終完成；第二期應完成者為山東、山西、陝西、四川、貴州、雲南，於民國二十二年一年終完成；第三期應完成者為甘肅、寧夏、青海、綏遠、熱河、察哈爾、新疆、遼寧、吉林、黑龍江、蒙古、西康、西藏，於民國二十三年一年終完成。

# 第十四章　劃一度量衡行政之經過

## 第一節　全國度量衡局之設立及其任務

各國對於權度行政均有中央局所之設立，我國各地度量衡至不劃一，尤有設立專局之必要。

國民政府於十八年公布全國度量衡局組織條例之後，工商部即着手籌設全國度量衡局，造具經臨預算呈奉中央財務委員會核准開辦費及經常費簡任吳承洛爲局長於十九年十月組織成立，掌理全國度量衡劃一事宜內分總務、檢定、製造三科並轄度量衡製造所及檢定人員養成所。其主要之任務爲督促各省市推行度量衡新制舉凡度量衡營業之許可事項製造標準器副原器之工務事項度量衡製造及修理指導事項標準器及副原器之檢查驗及鑒印事項各省市區及各縣市度量衡檢定之監察事項全國度量衡檢定人員之養成及訓練事項等均爲其分內之工作。關於度量衡行政機關之系統全國度量衡局實爲最高機關，各省各特別市度量衡檢定所爲中級機關，

各縣各普通市檢定分所爲下級機關，各相統屬。惟全國度量衡局，應受主管院部之指揮各省市檢定所應受省市政府及主管廳局之指揮而檢定分所應受各縣市政府及主管局之指揮共策進行。

自二十一年來並由局長親赴東南、西南、西北中部及北部各省市縣視察指導故全國度量衡局成立迄今其行政頗能順利進行二十三年起並奉令兼辦工業標準事宜從此全國度量衡之劃一可觀厥成云。

## 第二節　檢定人員之訓練

度量衡之劃一係屬特種行政，而度量衡之檢定係屬特種技術所有負此種行政與技術者自應受有相當訓練始克勝任東西各國於推行此項行政之始均以訓練檢定人員爲第一要件我國以前之失敗均由檢定專材之缺乏故此次國家立法規定於全國度量衡局下附設度量衡檢定人員養成所訓練全國檢定人員工商部遵照法律之規定逐於十九年三月先行組織檢定人員養成所，派吳承洛爲所長主辦之其大旨爲：

一、學員資格分高級初級兩等：

高級學員，專收各省市政府所考送國內外大學校或專門學校之理工科卒業生造就一等檢定員；

初級學員，專收各省市政府所考送高級中學卒業生造就二等檢定員。

此外我國各縣情形複雜權度歧異事煩人重決非少數檢定人員之力所能肩任。邊僻之地，經濟衰落高中以上畢業生亦難多得於是而有三等檢定員之規定，所以補一二等檢定員之不足其入學資格規定初中畢業生准由各省市主管機關招考設班訓練。

二、學科於製造檢定與推行三方面並重

關於機械之訓練，

關於度量衡器具製造之訓練，

關於度量衡器具檢定之訓練，

關於度量衡器具檢定及整理之訓練，

關於度量衡器具檢定之訓練，

關於推行度量衡新制之訓練，

關於新舊及中外度量衡制度比較之訓練，

關於行政法規之訓練。

## 第三節　標準用器之製造及頒發

國民政府頒佈度量衡標準方案以後，工商部認製造標準等器為推行上重要工作，統計全國所需標準器共約二千餘份當即接辦北平原有之權度製造所，易名為度量衡製造所，命先製標準器，次製標本器，及檢定用或製造用器並由工商部將標準器之頒發處所編訂一定號數規定中央院部會以至各省市縣政府各備領標準器一份各省市縣商會團體等可自由購領標準器或標本器以為使用之準則各省市縣檢定所或分所須各備領檢定或製造用器以為檢定並製造各種民用度量衡器之用；此外所有各地方檢定用烙印鋼戳均由全國度量衡製造所製造供給，以昭一律。民國二十一年春全國度量衡局為指揮便利起見將北平所設之度量衡製造所遷移南

京，併立於局中加以擴充，計劃各省市縣所需要之器具製造齊全後，專製機關於科學工程上之特種度量衡器具及施行工業標準之各項工具，而所有民用度量衡器具則劃歸地方度量衡製造及民營工廠辦理標準器全份計五十公分長度標準銅尺及市用制銅尺各一支銅質公升一具標準制一公斤至一公絲銅砝碼及市用制五十兩至五毫銅砝碼各一份。

## 第四節　各省市度量衡檢定機關之設立及工作

各國劃一度量衡之法蓋有兩種：一爲專賣制，一爲檢定制。論收入則專賣制爲宜，論行政則檢定制爲便。專賣非先籌鉅資不能舉辦，費用多而管理難各國行之者甚鮮我國劃一度量衡所取之辦法即度量衡之製造准許人民自由營業但所謂「自由營業」並非漫無準則，必先由地方政府或檢定機關核發許可執照，並檢定所出成品是以此種規定即係檢定制度。又查度量衡之行政分製造與檢定推行三步進行，欲得器具之供給必須有製造工作以開新器之來源；欲察器具之合格與否，必須有檢定工作以定新器之範圍欲令器具之暢行無阻必須有推行工作以廣新器之使用。

所謂製造也檢定也推行也必須有專一機關以總其成俾得監督進行，此各省市縣度量衡檢定所

與分所設立之緣由也。

## 第五節　公用度量衡之劃一

公用度量衡係對於民用度量衡而言，卽凡政府各機關理應首先將所用度量衡器具劃一，以

爲民用度量衡器劃一之倡在十八年九月間工商部邀集中央各機關代表開度量衡推行委員會，

決定於十九年終以前將公用度量衡劃一並由工商部咨請：

一、教育部通令全國教育行政機關一律改用新制並將兩制編入教科書，現有課本均一律照改。

一、司法院通飭全國司法機關定期改用新制凡訴訟等件與度量衡有關者其判決書均應依照

新制折合。

一、軍政部通令全國軍事機關，所用軍械，前以生的或米突稱者，均應照規定名稱改正。

一、交通鐵道兩部，通令所屬各機關一律遵行新制並將名稱改正。

一、外交部會同財政部酌定相當時期，照會通商各國政府，於某年月日起，從前商約所訂關尺關平等舊制一律廢止，所有進口稅率貨物等均照新制計算並改定名稱。

一、財政部會同外交部酌定相當時期通令各關署，於某年月日起一切稅率貨物均遵照新制計算，不得再用關尺關平等舊制並飭各造幣廠從某年月日起貨幣重量均照新制折合改正名稱不得再用庫平等字樣。

自完成公用度量衡劃一辦法案，由工商部行文中央地方各機關查照辦理後全國各機關無不依據法令積極籌辦迄於今日大致均已完成劃一。

各省市方面於公用度量衡多已提前劃一卽邊遠省區之尚未籌備民用度量衡劃一者亦已從事於公用度量衡之劃一。

海關為國際貿易之總樞紐，吾人欲考查世界對我物質供求之真象以定工商事業之趨向者，萬不能不從國際貿易統計入手，若依舊時海關統計冊所載數度往往以各國度量衡雜用其間，如美加倫英加倫以計容量，英尺英碼以計長度長噸短噸以計重量全國民衆實不易明瞭此於工商

事業之進展實有最大之窒礙。我國現已實行採用萬國公制，海關所用度量衡亟應改正，實有充分之理由。實業部及全國度量衡局根據各項理由與財政部及關務署一再磋商結果各海關度量衡於二十三年二月一日已一律改用新制此爲公用度量衡之落後改革者自是以後劃一度量衡之基礎更爲鞏固至鹽務稅務之改用市制乃能通行全國於各縣市度量衡之推行於以普遍。

## 第六節　全國民用度量衡劃一概況

　　自中央公布於十九年一月一日起，爲度量衡法施行日期，並於同年三月先行成立檢定人員養成所即由部咨請各省市考送大學理工科及高中畢業人員予以訓練秋間畢業學員回籍其卽於十九年舉辦者有南京、上海、天津、浙江、山東、福建等省市；次年二十年舉辦者計有北平、漢口、青島、江蘇、河北、河南、安徽、湖北、湖南、江西、廣東、陝西、寧夏等省市二十一年舉辦者有貴州；二十二年舉辦者有威海衞、察哈爾、綏遠、甘肅等省二十三年舉辦者有廣西、雲南等省；二十四年舉辦者有四川、青

海。而東北四省如熱河遼寧開辦本在二十一年以前，吉林黑龍江之籌備繼之。惟各省劃一程度，頗有參差然多數省份已由城市而達於鄉村除少數縣份外只待堅持到底不難於訓政完成之日達到全國初步完成至澈底劃一則有待各省市縣檢定機關之繼續努力。

第五四表　附中國度量衡史大事紀略

| 民國紀元前 | |
|---|---|
| 四六〇八——四一一六 | 黃帝命隸首定數，以率其義，要其會，律度量衡由是而成。 |
| | 黃帝命伶倫造律呂，推律歷之數，由是生度量衡。 |
| | 黃帝設衡、量、度、畝、數之五量。 |
| | 少昊同度量，調律呂。 |
| | 少昊設九工正，利器用，正度量。 |
| | 虞帝每歲巡守四嶽，同律度量衡。 |
| 四一一六——三六七七 | 夏置石鈞，存於王府。 |
| | 大禹循守會稽，乃審銓衡，平斗斛。 |

| 年代 | 事項 |
|---|---|
| 三〇二一 | 周成王六年，周公朝諸侯，頒度量。 |
| 三〇三三——二一六六 | 周制：內宰出其度量，大行人同度量：(以上指標準器)。 |
| | 合方氏壹其度量，司市掌度量：(以上指普通用器)。 |
| | 質人平度量。(此爲執行檢定檢查)。 |
| | 周制：十有一歲同度量之標準器； |
| | 仲春之月，同度量，鈞衡石，角斗甬，正權槩； |
| | 仲秋之月，同度量，鈞衡石，角斗甬，正權衡，正鈞石，角斗甬。 |
| 約二四〇〇 | 魯班增木工尺標準之長度。 |
| 二三六一 | 秦孝公十二年，商鞅變法，改定度量衡標準。 |
| | 變畝制，改百步之制以二百四十方步爲一畝。 |
| | 平斗桶權衡丈尺。 |
| 二二三三 | 秦始皇二十六年，一衡石丈尺，製權標準器。 |
| 二一三二——二一一八 | 秦制：仲秋之月，一度量，平權衡，正鈞石，齊斗甬。 |
| 二一二〇 | 秦二世增刻權銘。 |

| 年代 | 事蹟 |
| --- | --- |
| 二一二七——一九〇四 | 漢制；廷尉掌度，大司農掌量，鴻臚掌衡。 |
| 一九九四 | 漢昭帝始元四年，左馮翊甍造谷口銅甬，容十斗重四十鈞。 |
| 一九一一——一九〇七 | 漢平帝命劉歆同律度量衡，變漢制。 |
| 一九〇三 | 新莽始建國元年，鑄五度五量五權標準器，頒之天下。 |
| 一八三六——一八二四 | 漢章帝時奚景得玉律度，相傳為漢官尺之傳暢。 |
| 一八三一 | 漢章帝建初六年，盧屍縣造銅尺一。 |
| 一六四九 | 劉徽注新莽嘉量與魏斛比較。 |
| 一六四九——一六三八 | 鄭氏注漢書律歷志，劉徽注九章算術商功篇，荀勗較新造律尺，並著新莽嘉量；是為莽量三度發見於魏晉之間。 |
| 一六三九 | 晉荀勗較後漢至魏尺，長於新莽尺四分有餘，更造新尺。 |
| 一六三八 | 荀勗新尺成，晉武帝以其與漢之制器合，令施用之。 |
| 一五九五 | 東晉元帝後，江東用晉後尺，自此始。 |
| 一五九一 | 前趙劉曜光初四年，鑄渾儀。 |
| 一五八七 | 前趙劉曜光初八年，鑄土圭。渾儀土圭是為劉曜渾天儀土圭尺。 |

| 年代 | 事項 |
|---|---|
| 一五七七 | 後趙石勒十八年七月，造建德殿得新莽權。 |
| 一五二三 | 前秦苻堅於長安市中，得新莽嘉量。 |
| 一五一四 | 後魏道武帝天興元年八月，詔有司，平五權，較五量，定五度。 |
| 一四一七 | 後魏孝文帝太和十九年六月，詔改長尺大斗，頒之天下。（長尺係詔以一黍之廣，用成分體，九十之黍，黃鐘之長，以定銅尺‥是即為後魏尺。大斗係詔二倍於莽量之者）。 |
| 一四〇九 | 後魏宣武帝景明四年，得新莽權，詔付公孫崇，以為鐘律之準。（先是大樂令公孫崇，依漢志先修稱尺，及見此權，乃詔付崇）。 |
| 一四〇四—一四〇一 | 後魏宣武帝永平中，公孫崇更造新尺，以一黍之長，累為寸法。劉芳受詔修樂，以秬黍中者一黍之廣，即為一分；元匡以一黍之廣，度黍二縫，以取一分。 |
| 一三七八 | 東後魏有司奏從太和十九年之詔，定尺。 |
| 一三五五—一三五一 | 北周明帝遣蘇綽造鐵尺。 |
| 一三五一 | 北周武帝保定元年五月，得古玉斗。 |
| 一三四七 | 北周武帝保定五年十月，詔改度量衡制。 |

| | |
|---|---|
| 一三四六 | 北周武帝天和元年，帝依玉斗造律度量衡，頒於天下。 |
| 一三四五 | 北周武帝天和二年正月，校銅斗，移地官府爲式。 |
| 一三三五 | 北周武帝建德六年，以鐵尺同律度量，頒於天下。 |
| 一三三一 | 隋文帝開皇初，著以北周市尺爲官尺。 |
| 一三三三 | 隋文帝開皇九年，廢北周玉尺，頒用鐵尺調律。 |
| 一三三二 | 隋文帝開皇十年，萬寶常造水尺。 |
| 一三〇五 | 隋煬帝大業三年四月，改度量權衡，並依古式。 |
| 一二九四 | 唐行大斗大兩大尺之制，自此始。 |
| 一二九一 | 唐高祖武德四年，鑄開元通寶錢，命十錢爲一兩之始。 |
| 一一九一 | 唐玄宗開元九年，敕定調鐘律，測晷景，合湯藥及冠冕之制，皆用小制，其餘 |
| | 內外官私悉用大制。 |
| 一二九四——一〇〇六 | 唐制：每年八月，校斛斗秤度。 |
| 九六一——九五三 | 後周王朴累黍造尺，爲王朴律準尺，在此年間。 |
| 九五二 | 宋太祖建隆元年八月，詔有司，按前代舊式，作新權衡，以頒天下禁私造者。 |

| 年代 | 內容 |
|---|---|
| | 宋既平定四方，凡新邦悉須度量於其境，其僞俗尺度量踰於法度者，去之。 |
| | 太祖受禪詔有司，精考古式，作爲嘉量，以頒天下，凡四方斗斛不中用者，皆去之。 |
| 九四九—九四五 | 宋太祖乾德中，又禁民間造者。 |
| | 乾德中，和峴依司蕓影表銅臬下石尺定度，上令依古法以造新尺，爲和峴景表石尺。 |
| 九二〇 | 宋太宗淳化三年三月三日，詔令詳定稱法，著爲通規。 |
| 九〇八—九〇五 | 宋眞宗景德中，劉承珪考定，從其大樂之尺，就成二術，因度尺而求釐，自積黍而取絫，以絫造一錢半及一兩等二稱。 |
| 八七八—八七七 | 宋仁宗景祐中，阮逸胡瑗奏請橫累百黍爲尺。鄧保信奏請縱累百黍成尺。 |
| 八七七 | 宋仁宗景祐二年九月十二日，依新黍定律尺，每十黍爲一寸。 |
| 八七六 | 宋仁宗景祐三年，丁度等議以取黍校驗不齊，詔罷新黍律尺。 |
| 八六三—八五九 | 宋仁宗皇祐中，詔累黍定尺，高若訥以辨泉寸，依隋志定尺十五種上之，藏於太府寺。 |

| | |
|---|---|
| 八二六——八一九 | 宋哲宗元祐中，魏漢津定大晟樂尺。 |
| 七八〇 | 南宋高宗紹興二年十月，頒度量權衡於諸路，禁私造者。 |
| 約六五〇 | 賈似道改藏頂方錐形之小口斛式。 |
| 六三六 | 元世祖取江南，命輸米者，止用宋斗斛，以宋一石當元七斗。 |
| 六二九 | 元世祖至元二十年，崔彧言宜頒小口斛，遂頒行之。 |
| 五四四 | 明太祖洪武元年，令鑄造鐵斛斗升，仍降其式於天下。 |
| 五四三 | 明太祖洪武二年，令凡斛斗秤尺，依原降鐵斗升較定則樣．製發各省府州縣，民用斛斗秤尺，與官降相同，許令行使。 |
| 五一九 | 明太祖洪武二十六年，定凡斛斗秤尺，各式成造，較勘相同印烙發行。 |
| 四八〇 | 明宣宗宣德七年，令重鑄鐵斛。 |
| 四七六 | 明英宗正統元年，令依舊式鑄造鐵斛斗升，凡斛斗秤尺，依原式較勘相同，將式樣懸掛街市，聽令比較。 |
| 四六一 | 明代宗景泰二年，令造等秤天平。 |
| 四四六 | 明憲宗成化二年，題准私造斛斗秤尺行使者，依律問罪。 |

| 頁碼 | 內容 |
|---|---|
| 四四三 | 明憲宗成化五年，令依洪武年間鐵斛式樣，重新鑄造，並造木斛，較勘印烙給發。 |
| 四三三 | 明憲宗成化十五年，令鑄鐵斛，較造木斛，印烙收用。 |
| 四〇六 | 明武宗正德元年，准製造銅法子。 |
| 三九八 | 明武宗正德九年，准選吏役，專管坐撥糧斛。 |
| 三八九 | 明世宗嘉靖二年，將鐵鑄樣斛，較勘修改相同，火印烙記，以後新斛，俱依鐵斛較樣成造。 |
| 三八三 | 明世宗嘉靖八年，准製天平法馬。<br>令將官較秤斛砝烙，凡解戶到部，會同照樣較收，以革姦弊。<br>令各式鑄造大小銅法子。 |
| 三六四 | 明世宗嘉靖二十七年，准依原降鐵斛，置造斛斗，仍置官秤，較量平準，烙記發用。<br>私造斛稱，通商作弊，該管不察，一體究罪。<br>往時收用市斛，放用倉斛，合則查革，以後收放，俱以倉斛為準。 |
| 三四六 | 明世宗嘉靖四十五年，准用庫斛斗升稱等，撥匠科造三千八百七十六副。 |

| | |
|---|---|
| 二六〇 | 清世祖五年頒定斛式令工部造鐵斛。 |
| 二五四 | 清世祖十五年定各關秤尺各關量船秤貨不得任意輕重長短。 |
| 二〇八 | 清聖祖四十三年議定斛式停用金斗關東斗。 |
| 一九九 | 清聖祖五十二年製律呂正義，以累黍定黃鐘之制，並製數理精蘊定度量衡表。 |
| 一七〇 | 清高宗七年製律呂正義後編定權量表。 |
| 一六八 | 清高宗九年仿造嘉量方圓各一，範銅塗金，列之殿後。 |
| 九——五 | 清德宗二十九年重訂度量衡劃一辦法。 |
| 民國二年 | 擬採用萬國公制編訂通行名稱，並派員赴國外調查。 |
| 四年 | 公布權度法以營造尺庫平制為甲制，萬國權度通制為乙制。 |
| 六年 | 推行新制於北京。 |
| 八年 | 山西省推行新制度量衡。 |
| 十七年 | 國民政府公布權度標準方案，定萬國公制為標準制，以與標準制有最簡單之比率而與民間習慣相近者為市用制。 |
| 十八年 | 國民政府公布度量衡法。 |

| 年份 | 事項 |
|---|---|
| 十九年 | 全國度量衡局組織成立，並設度量衡檢定人員養成所。各省市相繼設立檢定所辦推行。 |
| 二十一年 | 全國度量衡局吳局長開始視察全國度量衡。 |
| 二十六年 | 全國各省市度量衡視察完成劃一。 |

中國度量衡史 ／ 吳洛著. -- 臺一版. --　臺北
　市：臺灣商務，　2001〔民 90〕印刷
　　面：　　公分, --（中國文化史叢書：7）

　ISBN 957-05-1707-7（平裝）

　1. 度量衡 － 中國 － 歷史

331.8092　　　　　　　　　　　　90005409

中國文化史叢書 7
# 中國度量衡史

定價新臺幣 280 元

主　編　者　王雲五　傅緯平
著　作　者　吳　洛
美術設計　吳　郁　婷

出　版　者　臺灣商務印書館股份有限公司
印　刷　所　臺北市 10036 重慶南路 1 段 37 號
　　　　　　電話：(02)23116118 · 23115538
　　　　　　傳眞：(02)23710274 · 23701091
　　　　　　讀者服務專線：0800-056196
　　　　　　E-mail：cptw@ms12.hinet.net
　　　　　　郵政劃撥：0000165 － 1 號
　　　　　　出版事業　局版北市業字第 993 號
　　　　　　登 記 證

· 2001 年 5 月臺一版第五次印刷

ISBN 957-05-1707-7（平裝）　　　　　56062001

100臺北市重慶南路一段37號

# 臺灣商務印書館　收

對摺寄回，謝謝！

## 傳統現代　　並翼而翔

Flying with the wings of tradition and modernity.